水辺のすこやかさ指標 “みずしるべ”

身近な水環境を育むために

古米弘明［編著］

石井誠治・風間ふたば・風間真理
古武家善成・清水康生［共著］

技報堂出版

はじめに

平成21(2009)年度に，環境省から「水辺のすこやかさ指標“みずしるべ”」が公表されました．この指標は，自然なすがた，生きもの，水のきれいさ，快適さ，地域での利用などの視点から河川を取り巻く環境を調べる際に活用できるものです．この公表の5年前から，環境省においては総合的な水環境調査手法の骨格となる水環境健全性指標の検討が進められていました．その検討成果を受けて，地域に根ざした環境学習において使われることを目指して，「水環境健全性指標2009年版」として公表されたわけです．しかし，「水環境健全性指標」では，堅苦しく，わかりにくい名称である懸念も考慮されて，より多くの方々に親しみを持っていただける愛称として，「水辺のすこやかさ指標“みずしるべ”」が採用されました．略称である「みずしるべ」とは，「道しるべ」の“みち”を“みず”にした，水の標（しるべ）です．まさに本来の望ましい水環境を指し示し，そちらへ導くための“ものさし”です．本書でも，水環境健全性指標ではなく，この愛称をタイトルとして採用させていただきました．

日本水環境学会では，この指標の公表を受けて平成24(2012)年度までの4年間にわたり水環境の総合指標研究委員会を設置して，水環境の総合的な指標の研究レベルの向上や指標の普及活動を展開したわけです．本書は，水環境健全性指標の深化と普及の両面に取り組んできた研究委員会の活動成果のエッセンスをとりまとめたものだと言えます．

本書の1章では，まず水環境の捉え方，河川の水環境とそれに対する住民意識を，そして2章では，水環境に関する法制度とその管理方法，そして国内外の新たな動向など，水環境を考えるうえでの基礎的な知識をとりまとめています. 3章では，水質指標だけに頼らない水環境を総合的に捉える必要性を説明しました．そして，4章には，本書のタイトルである指標の説明やその活用や調査方法について具体的に紹介しています．さらに，5，6章では，地方自治体，住民・NPO，小学校における指標の活用事例，高等教育における研究展開についてとりまとめました．そして，最後の７章では，全体的なまとめと指標のさらなる発展を願って展望を記載しています．

以上にように，本書の出版に当たっては，水環境や水環境管理に関する基礎的な内容から，水環境を総合的に評価する必要性や指標の活用のありかたについて事例を示しながらわかりやすく記載したつもりです．したがって，水環境に興味を持っておられる一般住民やNPOの方々，小学校から高校における環境教育に関わる教員やその指導者の方々，さらには大学の研究室や河川の水環境管理に携わる行政機関など，幅広く関係者に読んでいただくことを願っております．

是非，より多くの方々に実際の河川にお出かけいただき，身近な水辺を歩きながら関心を深め，五感も活用する指標を使いながら皆で水環境を調べ，健やかさ（健全性）について議論していただくことを希望しています．そして，皆さんが水環境をより深く知り，よりよい姿を考え，そこから学び，その結果として，本書の副題である「身近な水環境を育むために」，この指標が生かされることを心より期待しております．

最後になりましたが，本書で紹介した事例の関係者など執筆にご協力いただいた方々に心より感謝申し上げます．

2016年9月

古米　弘明

目　次

第 1 章　水環境の現状

1.1　水環境とは

水環境をどのようにとらえるとよいのか．平成 6 (1994) 年 12 月に閣議決定された環境基本計画 [1] において，「水環境については，水質，水量，水生生物，水辺地を総合的にとらえ，対策を総合的に推進すべき」と記されている．すなわち，水環境の構成要素として，「水質」，「水量」，「水生生物」，「水辺地」が想定されている．

当時の水環境ビジョン懇談会 [2] や健全な水循環の確保に関する懇談会 [3] においては，「水と人との関係を回復し，新たな望ましい関係を作りあげるには，水環境を水質のみならず，水量，水生生物，水辺地等を含め総合的にとらえるとともに，流域などの水循環に着目し，『場の視点』（水環境をそこに生きる人や生物とのかかわりを中心にとらえる見方）と『循環の視点』（水環境を流域全体における水循環の健全さからとらえる見方）をもってとらえることが必要であること」が謳われている．この点は，平成 23 (2011) 年 3 月に取りまとめられた「今後の水環境保全の在り方について（取りまとめ）」[4] において再整理されている．

ここでは，これらを踏まえて，水環境とは，水についていわば「場」の面から着目したものと考える．そして，その構成要素である，水質，水量，水生生物，水辺地に加えて，そこに生きる人と水とのかかわりの場として，地

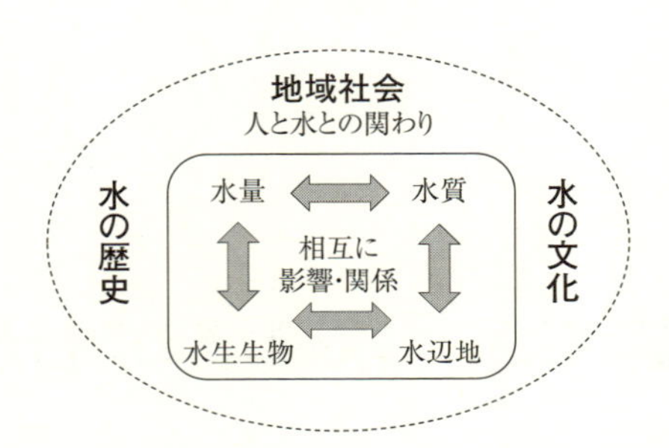

図 -1.1　水環境の構成要素とその関係

域社会を位置付けてその地域における水に関する歴史や文化といった要素も含めて，水環境を捉えることとする（**図 -1.1**）.

ここで，大事な点として，これら水環境の構成要素は，相互に関係し，影響し合っていることである．なお，水環境と水循環は深くかかわっているが，水循環は水について「流れ」の面から考えている用語である.

この水環境の対象の場としては，海岸，港湾，河川，湖沼，ダム湖，池，水路，公園の噴水プールなど様々な場所が考えられよう．しかし，本書では人と最もかかわりの深い水環境として，河川を取り上げている.

1.2　河川の水環境

1.2.1　水環境の構成要素

河川の水環境を構成する要素について，水量，水質，水生生物，水辺地，地域社会とそこでの水の歴史および文化の内容を整理する前に，河川の管理上での分類を説明する．河川は，一級河川，二級河川，準用河川，普通河川に分けられ，河川法[5]で次のように定義されている.

一級河川：国土保全上又は国民経済上特に重要な水系で政令で指定したものに係る河川（公共の水流及び水面をいう．以下同じ.）で国土

交通大臣が指定したものをいう

二級河川：公共の利害に重要な関係があるものに係る河川で都道府県知事が指定したものをいう

準用河川：一級河川及び二級河川以外の河川で市町村長が指定したものと定義され，市町村が管理する．

普通河川：上記以外の河川で，河川法の適用を受けない．市町村が必要と考えた時，条例などで河川範囲を指定し管理する．

以上のように河川は公共のもの，すなわち公物である．そこを流れる水自体，河川敷などの水辺空間，魚などの水生生物は公共の財産として扱わなければならない．

そのような河川の流量は，水環境だけでなく，国土保全上の問題（治水）や国民経済上の意義（利水），公共の利害とも密接に関連している．そして，河川流量は当然のことながら，河川の規模すなわち流域面積とそこの降水量に深く関係する．すなわち，上流のダムにて流量管理をしていなければ，晴天が継続した後の安定した流量を見れば，大まかにその河川の流域面積を推定できるともいえる．季節的な降水量変化から，秋口から冬にかけては流量が低下して低水量の時期となることが多い．

この低水量の時期における管理上の目標として，定められている流量がある．それは，正常流量と呼ばれている[6]．すなわち，流水の正常な機能を維持するために必要な流量として定義されており，動植物の保護，漁業，景観，流水の清潔の保持等を考慮して定める維持流量，および水利流量から成る流量である．ここでは，詳しく説明しないが，1 年を通じて流量は変動するものであるが，河川における流水の正常な機能の維持を図るための流量であることを覚えておいてもらいたい．

次に，河川水質は，流域からの汚濁物の流入量（汚濁負荷量）が影響する．この汚濁物には，有機物や窒素・リンなどがあり，流域の特性を表す水質項目として流域管理計画（例えば，流域別下水道整備総合計画，湖沼水質保全計画など）の中でその負荷量が推計されている．流域から流出する汚濁負荷量は，流域の土地利用状況（山地・宅地・農地・工場の立地など）によって大きく異なってくる．また，農薬や工場排水由来の有害物質なども水質状況やそこに生息する生物に影響を与えうる水質項目である．

河川には多様な水生生物が生息している．水中の底生生物・魚類，遷移帯の抽水植物など，河川水中や水辺を主な生育･生息の場としている生物である．したがって，水生生物は，河床形態と深くかかわっており，流量や水質の変化（季節変動や日変動など）の影響を敏感に受けている[7,8]．このため，年間を通じて水生生物の生活のサイクルは，河川の流量・水質の変動に対応したダイナミズムを有している[9]．

水辺地とは，水辺の土地（礫河原を含む）を意味するが，その状況は扇状地河川，山地河川，都市河川によって異なり，局所的にも河川規模や勾配，湾曲部か否かなどで様々な変化がある．また，水辺地は人と水とのふれあいの場であり，水質浄化の機能も発揮される場所である．そして，多様な水生生物等の生育・生息する場でもある．さらに，水辺地の景観は重要な水環境の質に影響する要因となる．

河川と周辺地域とのかかわりを見ると，日常的なかかわりとして，天端や堤外地を散歩に利用したり，水辺を水遊びや魚釣りの場として利用したりすることもある．また，流量が豊かで安定していれば，農業用水や水道用水などの水源として利用することもある．さらに，河川の周辺は，地域の住民の環境活動の場として利用されていることもある．

現在だけでなく，過去にも住民の生活と河川は密接に結びついていたかもしれない．例えば，すでに利用されていないとしても，地域の生活用水の取水場や農業用水として田畑に導水する施設が設置されたままになっていることもある．これらの場合には，記念碑・開墾碑などが建てられているかもしれない．さらに，よく氾濫した暴れ川であれば治水神社などが建てられている．いずれも河川と地域社会，その住民との歴史的な関係を示している．

川や川の周辺で長年行われている祭りや灯篭流しなどの儀式や行事がある．また，川を題材にした歌，詩歌・俳句や文芸作品などもある．川に関係する地域の伝承や民話も全国にある．さらに，紀行文・風土記など，流域住民と河川とのかかわりの中で生まれた文学は多数ある [10]．これらは，地域社会に根付いている水の歴史であり，水の文化である．

このように水環境の構成要素には様々なものがある．水環境とは，河川と流域住民との関係性も含めて捉えるべきものである．

1.2.2　河川水質の改善

河川水質が近年どう変化したかについて述べる．我が国の現状の水質を平成 24 (2012) 年度の BOD (生物化学的酸素要求量) でみると，類型指定水域 (2,552 水域) における環境基準達成率は 93.1 % (2,377 水域) であり，90 % 以上を示している (**図 -1.2**) [11]．なお，湖沼と海域の達成率は COD (化学的酸素要求量) で評価されている．次に，水域群別の年間平均水質の推移 [11] を見てみると，昭和 54 (1979) 年度当初は河川水質を代表する BOD は 3 mg/L 程度であったものが，20 年前には 2.2 mg/L 程度になり，さらに年々改善し，平成 24 (2012) 年度は 1.3 mg/L 程度まで低下している (**図 -1.3**)．一方，湖沼や海域の有機汚濁状況を示す COD について見ると，両者の濃度傾向は河川と異なり，さほど改善傾向が明確ではない．

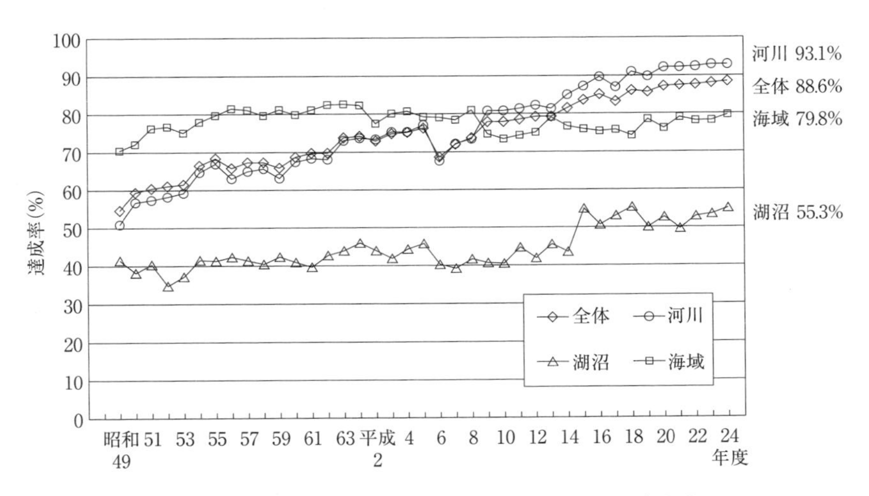

図 -1.2　環境基準達成率の推移 (BOD または COD) [11]

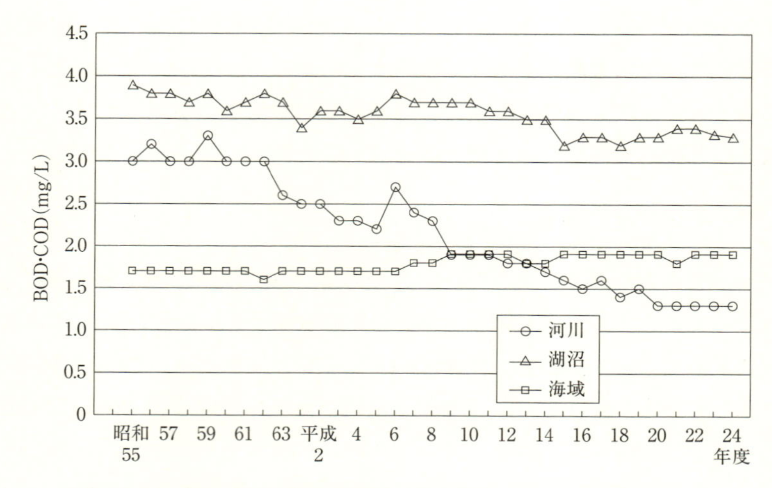

図-1.3　水域群別水質の推移（BOD または COD 年間平均値）[11]

全国の河川の水質は，高度経済成長期の昭和 45（1970）年頃までは悪化の一途であったが，水質汚濁防止法 [12] による排水規制や下水道整備の進展により水質改善が鋭意進められて今日のレベルに至っている．途中，平成 6（1994）年など全国的に長期間の渇水が発生した年には，河川流量が減少するために水質が悪化し，水質環境基準の達成率が低くなっている年もある．このように，河川流量が減少すると汚濁物の流入量はさほど変化しないので，希釈効果は低下して高めの BOD 濃度になることがわかる．

1.2.3　水環境の季節変化

河川の流量は，台風や梅雨などで降水量の増加する夏季に大きく，それらのない冬季には少ない．また，積雪地域であれば春の雪解けの時期に河川流量が増加することになる．河川の水環境は，気候や気象の条件と関係して河川流量の季節のダイナミズムによって大きく変化している．

この河川流量の変化は魚類の遡上や産卵の時期，藻類や底生生物，水辺植物など，河川生態系の成長や更新とも密接に関連している．例えば，梅雨期の増水をきっかけとして魚類が産卵のために遡上する．また，増水時の流れによって河床の砂礫が洗われてさらさらの状態となるが，その後，しばらくすると藍藻類，珪藻類，緑藻類が成長する．例えば，清澄な河川の礫に成長した珪藻は遡上するアユの餌となる．この時期，鳥類は子育ての時期に当たり，小魚などを餌とするなど季節変化に応じた生活環を有している．

また，季節感を大切にする日本人は河川環境についても四季折々の姿を楽しむ．また，生活の糧を得るために，河川の生態系を巧みに利用してきた歴史もある．実際，自然度の高い河川ほど四季による景観の変化が顕著であり，生息する生きものの生活史と密接に関連している．

1.3　住民の水環境に対する意識

水環境に対する住民の意識について，平成 11(1999) 年に内閣府が世論調査[13]を実施している．この調査で，居住地域の水環境について，どのように感じているかを聞いたところ，「良くなっている」，あるいは「どちらかといえば良くなっている」と答えた者の合計は 4 割，一方，「どちらかといえば悪くなっている」，あるいは「悪くなっている」と答えた者の合計も 4 割であった (**図 -1.4**)．当時の BOD による水質環境基準の達成率は 80 % を超え

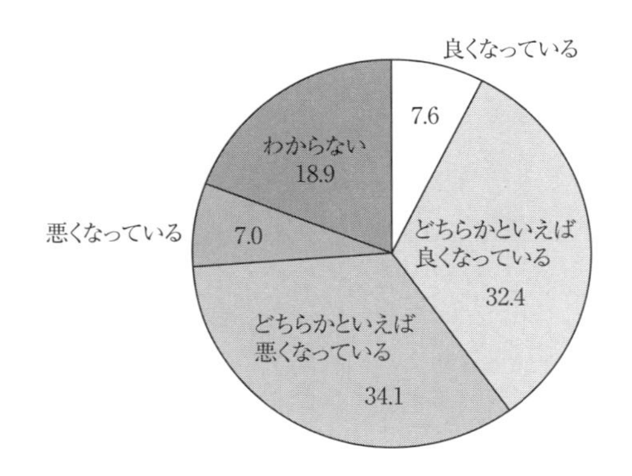

図 -1.4　居住地域の水環境に対する評価[13]

ており，水質改善が進みつつあった時代にもかかわらず，住民の水環境がよいと認識している割合は低い．

さらに，水環境が悪くなっていると答えた者に，悪くなっていると思われることは何か聞いたところ，「川や湖などの水が汚れている」を挙げた者の割合が 6 割以上と最も高い結果となった（**図 -1.5**）．BOD として水質改善された現状でも，住民の水環境への評価はあまり高まっていなかった．

住民による水環境への低い評価の理由としては，あまり水環境に接していない，あるいはその状況を十分には理解していなかったことも考えられる．例えば，高度経済成長期に都市域の小河川や水路の覆蓋化が進んで，道路や都市排水路になったことが背景にあったものと推察される．

その後，平成 20（2008）年に行なわれた同様な，水に関する世論調査 [14] では，身近な水辺の環境について，「満足している」を挙げた者が 4 割，「水質が悪い」が 3 割，以下，「生物を育む空間が少ない」，「水辺空間そのもの

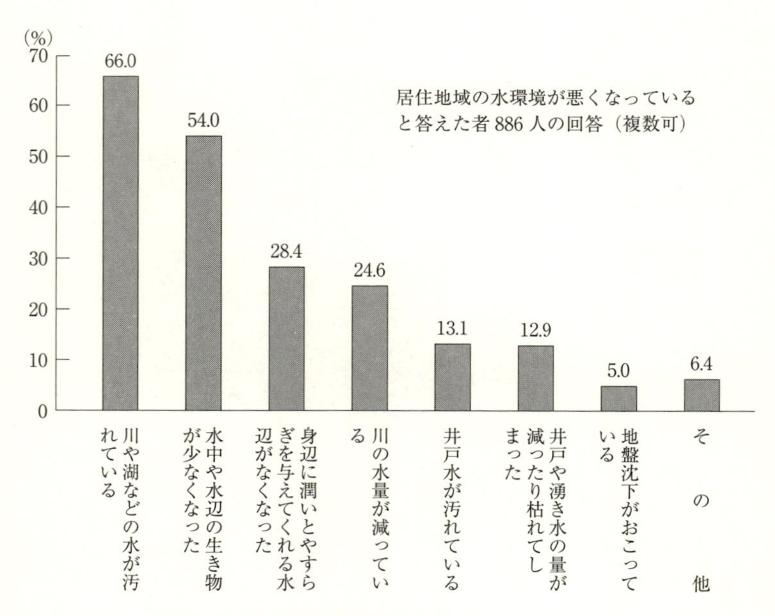

図 -1.5　居住地域の水環境が悪くなっている理由 [13]

が少なく，十分でない」，「景観が悪い」，「水辺に近づきにくい」，「水量が少ない」などが続いている（**図-1.6**）．水質環境基準の達成率は高いものの，依然として水質が悪いとの認識がある住民の比率が高いことがわかる．また，水質以外の問題点も指摘されていることにも注目すべきである．

この調査では，さらに，身近な水辺の環境について不満と感じている住民への質問が追加されている．河川などの水質や水辺の環境の改善はどのように進めるのがよいかという問いに対して，「現状の負担で，現状どおり進める」という割合が最も高く，次いで「現状より負担が増えても，早急に進める」，そして，「現状より負担を少なくするため，改善が遅れてもしかたがない」と答えた者も1割強であった（**図-1.7**）．都市規模別，性別で回答を比較しても，大きな差異は見られない．現状の負担で改善を進めてほしいとする意見が最も多い結果であった．

二つの調査結果より，身近な水環境に対して満足しているまたは肯定的な

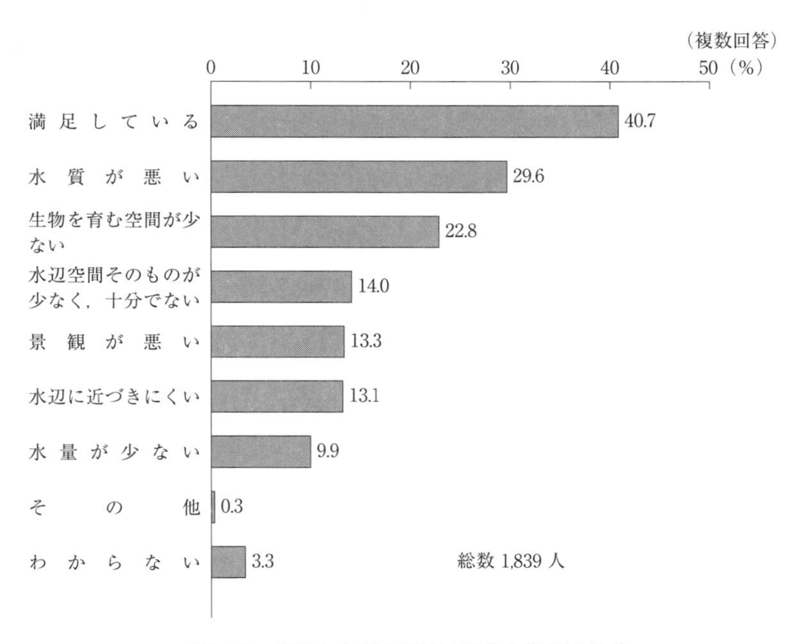

図-1.6 身近な水辺の環境に対する満足度[14]

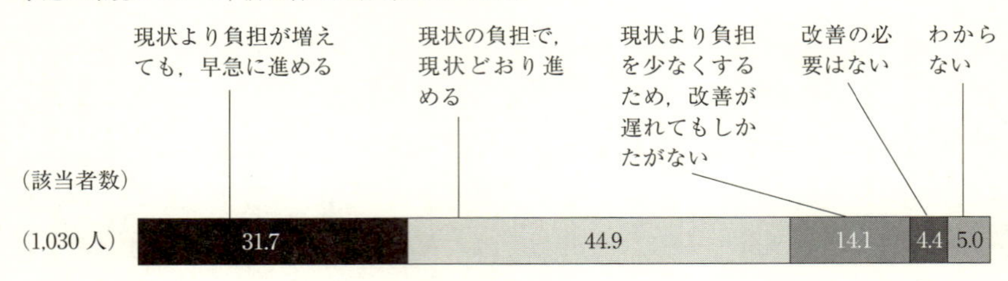

図-1.7　水環境をどのようにすべきか[14]

意見の住民は全体の4割にとどまっており，平成11(1999)年以降，あまり変化していないことがわかる．ただし，近年，水環境の構成要素である水質以外の，生物や景観，近づきやすさにも関心が向けられていることも明らかである．このように身近な水環境の改善を図ることが求められるが，そのためにもまずは住民を身近な水辺に呼び戻し，河川の水環境を知ってもらい，何が問題なのかを見出してもらうことである．そして，どうすれば改善できるのかを考えてもらいながら，最終的には水環境をより良いものにしたいという気持ちを持ってもらうことが大事ではないかと思われる．

これは，水環境を改善するという行動とともに，まさに水環境を知り，水環境から学び，そして，水環境を育む心を住民の方々に持っていただけるとするならば，相乗的な改善を図ることにつながるものと考えられよう．

参考文献

1.1

［1］　環境省：環境基本計画，1994.
https://www.env.go.jp/policy/kihon_keikaku/，2016.9 時点

［2］　水環境ビジョン懇談会報告書―失われた「水と人との関係」の回復と新たな展開を目指して(今後の水環境保全のあり方)，1995.
https://www.env.go.jp/water/confs/fpwq/02/mat04_01.pdf，2016.9 時点

［3］　健全な水循環の確保に関する懇談会報告書「健全な水循環の確保に向けて―豊かな

恩恵を永続的なものとするために」について，1998.
http://www.env.go.jp/press/79.html，2016.9 時点
[4]　今後の水環境保全に関する検討会報告書「今後の水環境保全の在り方について（取りまとめ）」，2011.
http://www.env.go.jp/press/press.php?serial=13595，2016.9 時点

1.2

[5]　河川法（昭和 39 年 7 月 10 日法律第 167 号），1964.
http://law.e-gov.go.jp/htmldata/S39/S39HO167.html，2016.9 時点
[6]　国土交通省河川環境課：正常流量検討の手引き（案），2007.
http://www.mlit.go.jp/river/shishin_guideline/ryuuryoukentou/tebiki.pdf，2016.9 時点
[7]　古米弘明，谷口佳生，福井一郎：河川改修区間における河床形態変化と底生生物現存量について，環境システム研究，Vol.24，1996.
[8]　細見暁彦・吉村千洋・中島典之・古米弘明：多摩川における洪水前後の河床微細有機物の動態とその底生動物群集構造への影響，土木学会論文集 G，Vol.62，No.1，74-84，2006.
[9]　安田実・清水康生・竹本隆之：流量変動が河川環境の維持形成に果たす役割に関する研究，環境システム研究，Vol.26，1998.
[10]　歴史・風土に根ざした郷土の川懇談会：歴史・風土に根ざした郷土の川懇談会―日本文学に見る河川― 報告書，2003.
http://www.mlit.go.jp/river/shinngikai_blog/past_shinngikai/shinngikai/kondankai/bungaku/houkokusho.pdf，2016.9 時点
[11]　環境省水・大気環境局：平成 24 年度公共用水域水質測定結果，2013.
http://www.env.go.jp/press/press.php?serial=17540，2016.9 時点
[12]　水質汚濁防止法（昭和 45 年 12 月 25 日法律第 138 号），1970.
http://law.e-gov.go.jp/htmldata/S45/S45HO138.html，2016.9 時点

1.3

[13]　内閣府大臣官房政府広報室：水環境に関する世論調査，1999.
http://survey.gov-online.go.jp/h13/h13-mizu/index.html，2016.9 時点
[14]　内閣府大臣官房政府広報室：水に関する世論調査，2008.
http://survey.gov-online.go.jp/h20/h20-mizu/index.html，2016.9 時点

第2章　水環境の管理

2.1　水環境に関する主な法制度

日本の1960年代は高度経済成長期であった．しかし同時に，水俣病，イタイイタイ病，四日市ぜんそく等の公害問題が顕在化した時期でもある．昭和42(1967)年には，『公害対策基本法』[1]が定められ，さらに，昭和45(1970)年の第64回臨時国会では，同法の一部改正と『水質汚濁防止法』[2]をはじめとした公害対策関連法案が多数成立し，公害国会と称された．この改正では，同法に記載されていた経済発展を重視する「経済の健全な発展との調和」条項を削除し，「生活環境を保全する」目的をより明確にした．また，公害の定義の中に土壌汚染，水底底質の悪化，水温等による水質の悪化も含まれることとした．国として公害問題に本腰を入れることとなったのである．さらに，翌昭和46(1971)年には，環境省の前身となる環境庁が発足している［同庁は，平成13(2001)年の省庁再編により地球環境保全等も取り扱う環境省となっている］．

その後，『公害対策基本法』は，『自然環境保全法』[3]［昭和47(1972)年］の一部と統合・拡充されて，平成5(1993)年に『環境基本法』[4]となった．同法は日本の環境政策の基本となる法律である．同法では，環境の保全に関する基本的な施策として，『公害対策基本法』から引き継がれたいわゆる典型七公害（大気の汚染，水質の汚濁，土壌の汚染，騒音，振動，地盤の沈下および悪臭）について述べている（**表 -2.1**）.

表 -2.1　水環境に関する主な法律等

西暦	和暦	水質・排水に関する法律等	河川流量に関する法律等
1896	明治 29 年		旧河川法
1900	明治 33 年	旧下水道法	
1958	昭和 33 年	公共用水域の水質の保全に関する法律 工場排水等の規制に関する法律 下水道法	
1964	昭和 39 年		新河川法 ～工事実施基本計画の策定
1967	昭和 42 年	公害対策基本法	
1970	昭和 45 年 4 月	「水質汚濁に係る環境基準」閣議決定	
	昭和 45 年 7 月	「水質汚濁に係る環境基準の取扱いについて」公布	
	昭和 45 年 12 月	水質汚濁防止法 ※公害対策関連法案多数成立	
1971	昭和 46 年 7 月	環境庁発足（経済企画庁から環境庁の所掌となる）	
	昭和 46 年 12 月	「水質汚濁に係る環境基準」告示	
1972	昭和 47 年	自然環境保全法	
1983	昭和 58 年	浄化槽法	
1984	昭和 59 年	湖沼水質保全特別措置法	
1985	昭和 60 年	「水質汚濁に係る環境基準の達成期間の取扱いについて」通達	
1992	平成 4 年		正常流量検討の手引き（案） （建設省河川局河川環境対策室）
1993	平成 5 年	環境基本法	
1994	平成 6 年	「環境基本計画」閣議決定	
1997	平成 9 年		新河川法の改正 ～河川整備計画の策定
2001	平成 13 年	－環境庁から環境省へ－	－建設省から国土交通省へ－
2007	平成 19 年		正常流量検討の手引き(案) (国土交通省河川局河川環境課)
2014	平成 26 年		水循環基本法
2015	平成 27 年		「水循環基本計画」閣議決定

2.2　河川における管理

2.2.1　水質の管理

『環境基本法』第16条で「人の健康を保護し，及び生活環境を保全する上で維持されることが望ましい基準を定めるものとする」とし，「常に適切な科学的判断が加えられ，必要な改定がなされなければならない」と述べている．そして同文を根拠として，「水質汚濁に係る環境基準について」[5, 6]の具体的な数値が告示されている．「人の健康の保護に関する環境基準」（有害物質）と「生活環境の保全に関する環境基準」（汚濁物質）が定められているが，前者では各水域一律の数値が示されている一方，後者ではその利用目的に応じて類型区分が設定されている．河川に関するものを**表-2.2**に示す．利用目的として，水道や工業用水の原水としての浄水処理レベルに応じて水道1級から3級，工業用水1級から3級，また，水産魚種の生息する水質レベルに応じて水産1級から3級のほか，自然環境保全，日常生活において不快感を生じない程度としての環境保全が掲げられている．設定当時と現在では処理方式が変化しているため，表記がそのままで良いかという課題がある．

『環境基本法』第21条には，環境の保全上の支障を防止するための規制についても記されている．すなわち，国は水質の汚濁に関し，事業者等の遵守すべき基準を定めることにより，公害を防止するための規制の措置を講じなければならないとされている．同21条を根拠として『水質汚濁防止法』［昭和45(1970)年］があり，同法は，排水規制について記している．同法の前身は，『公共用水域の水質の保全に関する法律』［昭和33(1958)年］と『工場排水等の規制に関する法律』（昭和33年）であり，両法の実効性を高めるために昭和45年に統合された．

同法による当時の総理府・通商産業省令[7]では，公共用水域を対象として，一律排水基準を設けている．有害物質の排水基準についてはすべての特定事

表-2.2　生活環境の保全に関する環境基準(河川)

項目／類型	利用目的の適応性	基準値					該当水域
		水素イオン濃度(pH)	生物化学的酸素要求量(BOD)	浮遊物質量(SS)	溶存酸素量(DO)	大腸菌群数	
AA	水道1級 自然環境保全及びA以下の欄に掲げるもの	6.5以上 8.5以下	1 mg/L 以下	25 mg/L 以下	7.5 mg/L 以上	50 MPN/ 100 mL以下	
A	水道2級 水産1級 水浴及びB以下の欄に掲げるもの	6.5以上 8.5以下	2 mg/L 以下	25 mg/L 以下	7.5 mg/L 以上	1,000 MPN/ 100m L以下	
B	水道3級 水産2級 及びC以下の欄に掲げるもの	6.5以上 8.5以下	3 mg/L 以下	25 mg/L 以下	5 mg/L 以上	5,000 MPN/ 100 mL以下	水域類型ごとに指定する水域
C	水産3級 工業用水1級 及びD以下の欄に掲げるもの	6.5以上 8.5以下	5 mg/L 以下	50 mg/L 以下	5 mg/L 以上	−	
D	工業用水2級 農業用水 及びE以下の欄に掲げるもの	6.0以上 8.5以下	8 mg/L 以下	100 mg/L 以下	2 mg/L 以上	−	
E	工業用水3級 環境保全	6.0以上 8.5以下	10 mg/L 以下	ごみ等の浮遊が認められないこと	2 mg/L 以上	−	

業場に対して適用し，生活環境項目については，日平均排水量 $50\ m^3$ 以上の特定事業場に適用している．さらに，地方自治体の条例による上乗せ排水基準の設定や排水基準の違反に対する直罰規定を盛り込んでいる．

一律排水基準のうち，有害物質に関する基準値(健康項目)は10倍希釈を想定して，人の健康の保護に関する環境基準値に相当するように設定されている[8, 9]．これは，工場，事業場からの排出水の水質は，公共用水域へ排出されると，排水口から合理的距離を経た公共用水域では約10倍程度には希釈されるであろうと想定した結果である．

生活環境の保全に関する一律排水基準(生活環境項目)に関しては，BOD

やCOD等は家庭排水と同程度の水質を基準値としている．これは，家庭排水程度の水質汚濁であれば公共用水域の自然の浄化力により浄化されるとの想定に基づいている．

この他にも河川への排水水質に関連する法律として，『下水道法』［昭和33(1958)年］，『浄化槽法』［昭和58(1983)年］がある．さらに，湖沼については，『水質汚濁防止法』では規制されていない生活系や農林水産系等の排出水を含めた『湖沼水質保全特別措置法』［昭和59(1984)年］がある．

身近な水環境に対して，上記のような制度の整備が進み，行政や民間がそれらを受けて様々な対策を講じた結果，総じて家庭，工場，事業場，下水処理場等からの排出水の水質が改善されて今日に至っている．(**図-2.1**)

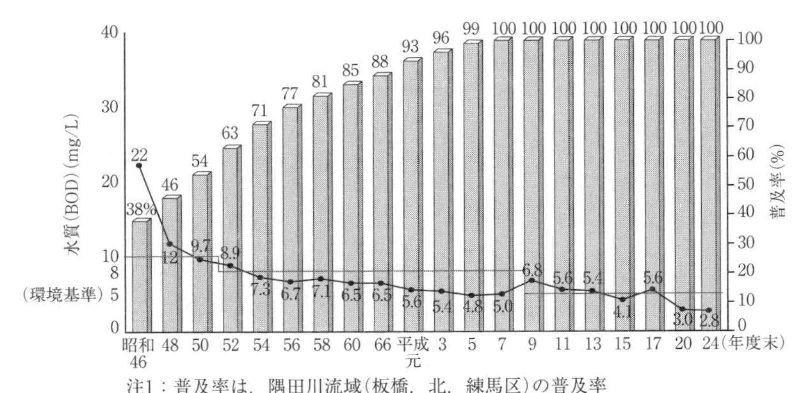

注1：普及率は，隅田川流域(板橋，北，練馬区)の普及率
注2：水質は，小台橋地点の年間のBODの値(75%水質値)
(環境局の資料をもとに下水道局作成)

図-2.1　隅田川の水質と下水道整備［10］

2.2.2　流量の管理

前述のように昭和40年代には，公共用水域の環境基準や工場，事業場からの排水規制がほぼ同時期に定められている．この水質に関する基準や規制を考える時に留意しておかなければならない事項がある．それは，環境基準は行政目標であるが，排水基準は規制値を定めるため，その性格は異なっているが，水域の環境基準と工場，事業場からの排水基準との整合を考慮して

おかなければならない点である．具体的には，**2.2.1** で述べたように事業場等からの排水の放流先河川における流量による希釈効果を担保しておくことが重要となる．例えば，この希釈倍率は，年間を通じての河川流量が大きく減少すると，その倍率も低くなってしまうことになる．このように河川流量の確保は重要であるが，このためにどのような施策が講じられてきたか，以下に都市部を対象として概要を述べる．

高度経済成長期から少し遅れて，都市域を中心として下水道の整備が急速に進められた．その結果，汚水や生活排水による身近な河川の水質汚濁は大きく減少し，水環境の改善が図られた[11]．しかし，主要都市等の合流式下水道を先進して整備した流域では，汚水と雨水を下流の下水処理場にバイパスしたため，その間の河川水量が減少もしくは空になる状況となった．また，下水道整備を急ぐために河川を覆蓋化して下水道として利用した（参考：東京都36答申[12]）ため，身近な水辺の場が失われることもあった．このような河川の覆蓋化は全国にも広がった．

その後，総合治水対策により都市の緑化や雨水の貯留施設の整備，浸透施設の整備等により，雨水の貯留や地下浸透が進められた[13~15]．その結果，流出量のピークカットが図られ，同時に地域の土地利用特性を反映して浸透水が時間遅れを伴って河川に流出するようになった．また，下水処理水を送水するなどによって河川流量の確保（例えば，東京都の城南3河川清流復活事業[16]）も進められている．このような対策により，平時における身近な河川の水量は回復が図られつつあると言えよう．

ところで，平時の河川流量はどの程度が確保されていれば良いのであろうか．この点に関して，流水の正常な機能を維持するために必要な流量を正常流量と称している．一級河川等ではこの正常流量を「目標とする流量」として定めることが必要となっている．

同流量については新『河川法』[17]［昭和39（1964）年］にある「工事実施計画」によって定めることとなっていたが，計画内容を記述し，公表するようになったのは新河川法の改正［平成9（1997）年］がなされ，治水，利水に加えて新たに「環境」が法的に位置付けられ，河川整備基本方針，河川整備計

コラム　都市河川「野川」の流量の移り変わり

東京都にある野川では，江戸時代の玉川上水開削と同時に水田が広がり，流量は湧水由来の自流量と用水路からの水量で構成されていたが，都市化と共に用水路の使命は終わり，河川流量は家庭排水等が主となり，平常時の流量が増加していった（**図-2.2**）．都市の環境整備として下水道の普及が達成されると，排水が下水管路へ流れ込み，再び河川流量は減少し，湧水由来のきわめて水量感の乏しい河川へと変化してきた[18]．その後，流域内での雨水浸透施設の設置等の対策がなされ，今日，回復が図られつつあると言えよう．

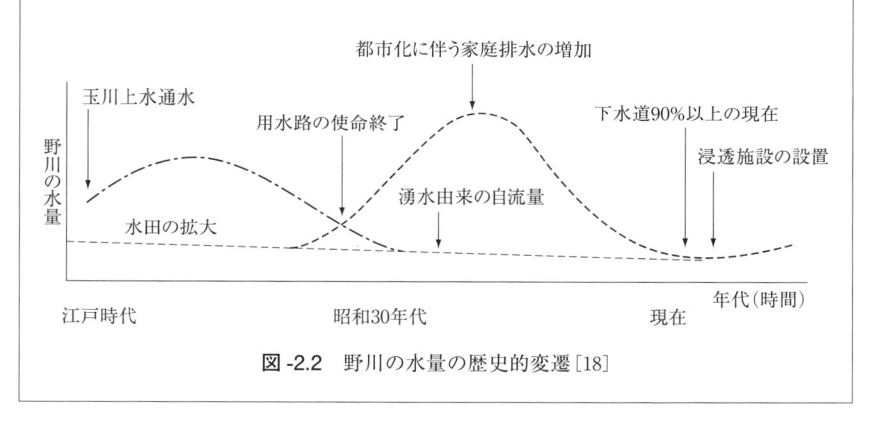

図-2.2　野川の水量の歴史的変遷[18]

画を策定するようになってからである．この正常流量については，旧建設省の「正常流量検討の手引き（案）」[19]［平成4（1992）年］があったが，その後，内容が追記され，現在は国土交通省が「正常流量検討の手引き（案）」[20]［平成19（2007）年］を公表している．具体的には，①動植物の保護，漁業，②景観，③流水の清潔の保持，④舟運，⑤塩害の防止，⑥河口閉塞の防止，⑦河川管理施設の保護，⑧地下水位の維持の8項目を考慮して定める維持流量，および水利流量（水道用水，工業用水，農業用水等に使用される水利権を有する水利）からなる流量であり，低水管理上の目標として定める流量（渇水時に確保すべき流量）は，両者を包絡する流量として定められる．これが正常流量である．①は生態系への配慮，③は水質の確保という意味合いがある．

2.2.3　管理の方法

河川は指定された区間について，環境基準の達成状況を把握するため「環境基準点」が設定されている．この地点は，当該区間の利用目的との関連を考慮して決められる．環境基準点は，支川の場合には本川への合流点直前の流末に設けられていることが多い．基準点では定期的に水質を測定するため，流域別下水道整備総合計画[21]等で，流域全体の汚濁負荷量を推計する必要がある時に，この水質データを利用して流域内の支川ごとの汚濁負荷量の推計を行うこととなる．

さらに，水域の類型指定は，達成された時点でさらに高い目標レベルに改めることができる．類型指定の水質レベルをクリアしているか否かは，実測値との比較により判断される．例えば，月に1回の水質観測を行っている場合を考える．その水質値は，日間平均値を算出して，これを観測値とする．こうすることで年間12個の水質観測データが得られる．それらの中から，条件の悪い，河川水量の少ない，低水流量相当の水質値を選定して，環境基準値との比較を行うことになる．この方法は，低水流量の定義が365日のうち275日（年間の約75％）はこれを下らない流量と定義されることから，水質についても12個のデータを良好な順に並べて9番目（12 × 0.75）の水質値を低水流量相当の水質と考える．この75％値を環境基準値と比較して環境基準を達成しているか否かを判定することとなる．

コラム　ダムによる河川流量の管理

図-2.3 は，利根川支川神流川の貫井地区における平成7(1995)年当時の流況を表している．同地区の上流には取水堰があり灌漑期には大量の取水が行われる．その上流には多目的ダムである下久保ダムがあり，年間を通じて神流川の流量を管理している．

この図から，ダムが洪水時や豊水時に流量を貯留し，平水時以下の流量が少ない時に補給を行っていることがわかる．この時，全体として流量を平滑化するため，季節変動も少なくなっている．河川の自然な流量変動は，河岸の植生や底生生物等の更新・維持に必要となる重要な要因である．このため，近年ではダムの運用において，河川維持放流（フラッシュ放流等）が行われ，ダム下流の生態系等への配慮がなされている．

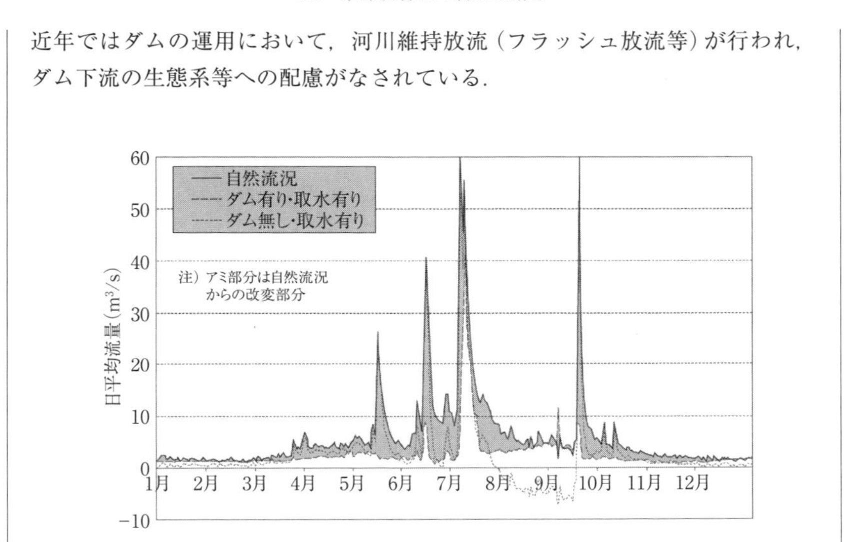

図-2.3　神流川貫井地区における河川流量［平成7（1995）年当時］［22］

2.3　水環境管理の新たな動き

2.3.1　国外における水環境の総合的評価

EUの『水枠組み指令』（Water Framework Directive；WFD）[23]は，自然水域（河川，湖沼，地下水，沿岸域）に関わる法律を包括する形で，2000年に発効した法規である．本指令では，EU加盟国が限られた期間内に効率的な流域管理を実行し，すべての水域において健全な状態を保つことを義務付けている．流域管理の中でも最も重要な視点は，生態系と水質のモニタリングである．

各流域のモニタリング結果に基づき，水質の状態と生態学的な河川の状態が**図-2.4**のような分類基準により評価される．この評価を行うために必要な監視項目は，生物学的要素，水文および形態学的要素，物理化学的要素に

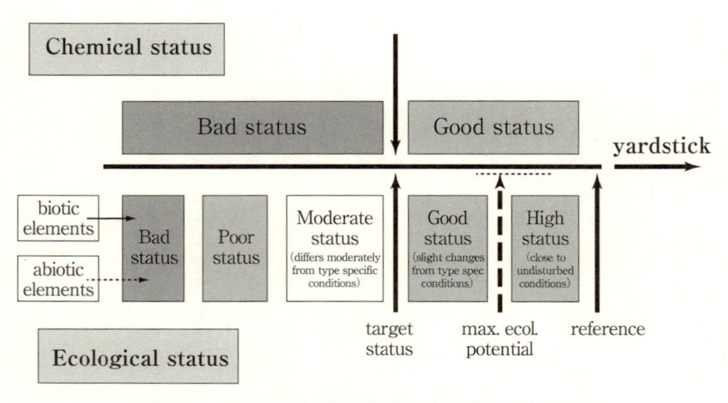

図-2.4　WFDにおける水域の生態学的評価[24]

分けられ，具体的な項目やその評価基準がEUのWFDにリストアップされている．

① 生物学的要素：植物プランクトン，水生植物，底生無脊椎動物，魚類等

② 水文および形態学的要素：流量，河川の連続性，河川形態学的状態等

③ 物理化学的要素：一般水質項目（温度，酸素収支，pH，塩濃度，栄養塩等），人為汚染物質，自然由来の汚染物質等

以上のように，EUにおいては早くから物理化学的な水質項目だけではなく，水文・形態学的な要素も含めて，“生態系の機能を確保し，各生物的要素を維持できる状態”を“Good Status”とする評価が位置付けられている．

また，米国では1972年の清浄水法（CWA: Clean Water Act. 日本における水質汚濁防止法に相当する連邦法）の制定から25年経過した1997年に提案された行動計画（Clean Water Action Plan）がある．主たる目的として，CWAの当初の目標である「すべての国民に，釣りや水泳を楽しめる水域」を達成するために，課題の抽出，水資源浄化計画の強化策，全体的な対策の枠組みのあり方について，重要な提言がなされている．

・流域ベースでの管理

・生態系や天然資源保護を意識した対策管理
・厳しい水質基準による汚濁源対策
・適切な情報提供

2.3.2　日本における水生生物の保全に向けた取組み

2.3.1 にあるように，欧米等においては既に 1970 年代から水生生物保全の観点からの環境基準等が設定されており，欧米の主要国ではこのような行政対応が常識となっている．

日本では，1970 年代からベック - 津田法という底生生物を用いた生物学的水質判定法が研究的に行われてきた[25]．きれいな水を貧腐水性と称した手法である．その流れから，水生生物を指標として河川の水質を総合的に評価するため，一般市民等の参加を得て，環境省と国土交通省は，平成 5(1993) 年から全国水生生物調査を実施してきた．平成 26(2014) 年度は全国で約 6 万人の参加を得ている[26]．

一方で，平成 6(1994) 年に策定された環境基本計画においては，環境の保全に関する総合的かつ長期的な施策の大綱が示され，その中で生態系の保全

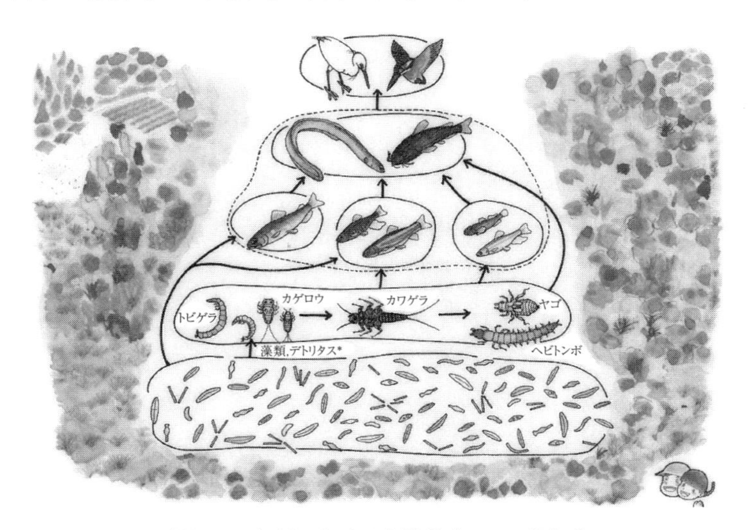

図 -2.5　河川における生態系ピラミッド[27]

の観点からの施策の必要性が記述された．その後も水生生物への影響に留意した環境基準等の目標の検討の必要性が指摘され，平成12(2000)年，水生生物への影響が懸念され，優先的に検討すべき化学物質として81物質等が公表された[28]．

この中から，①環境中濃度が既存文献の急性毒性値を上回っている物質，②生態リスク初期評価で詳細な評価を行う候補とされた物質，については急性毒性，慢性毒性の分類を行い，環境濃度レベルの知見やPRTR(化学物質排出移動量届出制度)に基づく排出量に関する情報等，使用実態等を勘案した科学的知見により検討が重ねられた．この結果，平成15(2003)年に亜鉛が水生生物保全に係る環境基準として告示[29]，次いで直鎖アルキルベンゼンスルホン酸およびその塩，ノニルフェノールが追加された．

これを契機として，水生生物が生息する空間のハード面での保全を含めた(**図-2.6**)，生態系に配慮した水環境の保全に関する施策についても広く検討を進めることが必要とされた．すなわち，水生生物保全の環境基準をあてはめる類型指定を行うに当たっては，水域の基礎情報，魚介類の生息状況，水

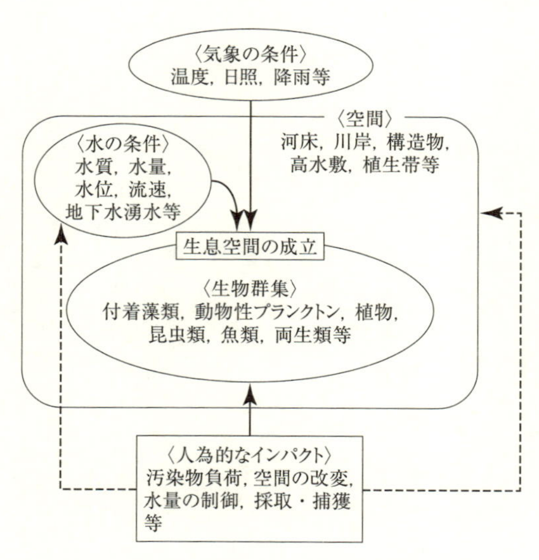

図-2.6　河川生態系の構成要素と相互作用[30]

温，産卵場および幼稚魚の生息の場，河床材料に関する情報などを総合的に勘案すること[31]とされ，それによって国の類型指定がなされていった．

平成28(2016)年には化学物質の視点の他に，夏季に貧酸素水塊ができることで，魚類等の生息が妨げられているとして(**図-2.7**)，海域や湖沼においての底層溶存酸素量が環境基準として追加されることとなった[31]．また，環境基準としてではなく地域の環境目標としてではあるが，水草の生育等のため沿岸透明度が定められた[32]．新たな衛生微生物指標（大腸菌数等）も環境基準等の調査検討がなされている．これらは，国民の実感に合ったわかりやすい指標により，望ましい水環境の状態を表すことを目指している．

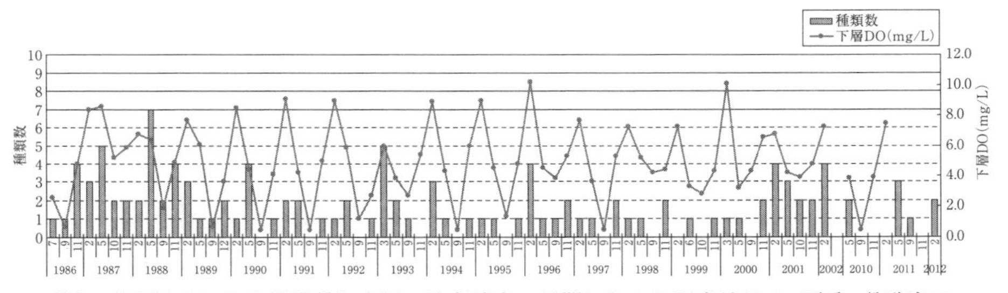

注）小型地曳による漁獲種と底層の溶存酸素の長期にわたる調査結果で，夏季，貧酸素になると魚種が少なくなっている様子が伺える．

図-2.7　下層DOと採取された魚の種類数[33]

2.3.3　健全な水循環の確保に向けた取組み

平成26(2014)年7月，『水循環基本法』[34]が施行され，それを受けて27(2015)年7月，水循環基本計画が閣議決定された[35]．同法第2条では，「健全な水循環」とは，人の活動および環境保全に果たす水の機能が適切に保たれた状態での水循環と定義され，同法第3条では，水は国民共有の貴重な財産であり，公共性の高いものであるとされ，水の利用に当たっては，水循環に及ぼす影響が回避され又は最小となり，健全な水循環が維持されるよう配慮されなければならない，と明記された．この水循環の構成要素に地下水が含まれ(**図-2.8**)，施策の対象となっている点も同法の特色である．

また，水循環基本計画では，流域連携を推進するために流域水循環協議会の設置と流域水循環計画の策定を謳っている．さらに，健全な水循環に関する教育の推進，民間団体の自発的な活動の促進，水循環施策の策定及び実施に必要な調査の実施，国際的な連携，水循環に係る人材の育成などに言及している．今後，河川等の地表水だけでなく地下水の流れも考慮した水循環の一体的な管理を目指した施策が展開されていくものと期待される．

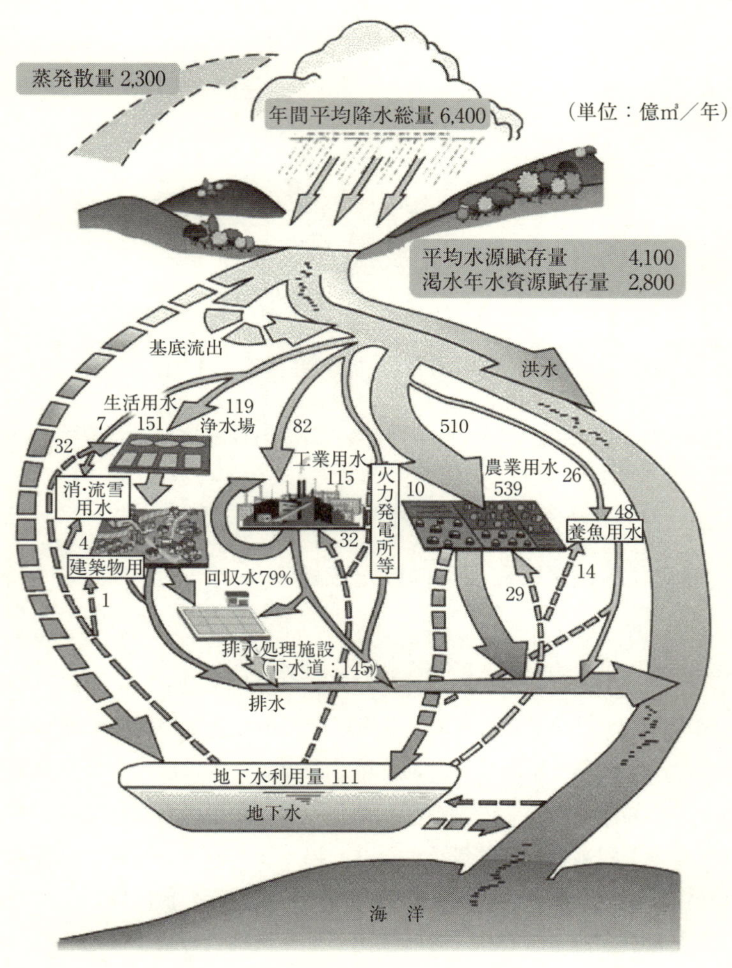

図-2.8　日本の水収支[36]

参考文献

2.1

[1]　公害対策基本法（昭和42年8月3日法律第132号），1967.

[2]　水質汚濁防止法（昭和45年12月25日法律第138号），1970.

[3]　自然環境保全法（昭和47年6月22日法律第85号），1972.

[4]　環境基本法（平成5年11月19日法律第91号），1993.

[5]　水質汚濁に係る環境基準について（昭和46年12月28日環境庁告示第59号），1971.

[6]　水質汚濁に係る環境基準の達成期間の取扱いについて（昭和60年6月12日環水管126号），1985.

[7]　水質汚濁防止法施行規則（昭和46年6月19日総理府・通商産業省令第2号），1971.

2.2

[8]　環境庁水質保全局水質規制課編集：公害と防止対策，水質汚濁（上），白亜書房，1973.

[9]　第64回国会・参議員公害対策特別委員会会議録第三号，昭和45年12月14日，1970.

[10]　東京都下水道局：数字でみる東京の下水道，2015.
http://www.gesui.metro.tokyo.jp/kanko/kankou/2014tokyo/05.htm，2016.9時点.

[11]　環境省水・大気環境局：平成26年度公共用水域水質測定結果，2015.
http://www.env.go.jp/water/suiiki/h26/h26-1.pdf，2016.9時点.

[12]　東京都市計画河川下水道調査特別委員会 委員長報告，1961.

[13]　国土交通省：総合治水対策のプログラム評価に関する検討会，2004.
http://www.mlit.go.jp/river/shinngikai_blog/past_shinngikai/gaiyou/seisaku/sougouchisui/index.html，2016.9時点.

[14]　国土交通省都市地域整備局下水道部・河川局治水課：雨水浸透施設の整備促進に関する手引き（案）
～浸透能力の低減を見込んだ効果把握及び維持管理の考え方について～，2010.

[15]　国土交通省：土地・水資源局水資源部，雨水・再生水に関する各種基準・助成制度等，2016.
http://www.mlit.go.jp/mizukokudo/mizsei/mizukokudo_mizsei_tk1_000057.html，2016.9時点.

[16]　東京都下水道局：事業案内　再生水とは，下水道局HP，2015.
http://www.gesui.metro.tokyo.jp/jigyou/saiseisui/saiseisui.html，2016.9時点.

[17]　河川法（昭和39年7月10日法律第167号），1964.

[18]　土屋十圀：都市河川の総合親水計画，信山社サイテック，pp.48-49,1999.

[19]　建設省河川局河川環境対策室：正常流量検討の手引き（案），1992.

[20]　国土交通省河川局河川環境課：正常流量検討の手引き（案），2007.

[21]　公益社団法人日本下水道協会：流域別下水道整備総合計画調査指針と解説，2008.

2.3

[22]　清水康生：流量変動が河川環境の維持形成に果たす役割に関する研究，RIVER FRONT，Vol.34，pp.19-25，1999.

[23]　大垣眞一郎・吉川秀夫監修，財団法人河川環境管理財団編：流域マネジメント－新しい戦略のために，pp.31-65，技報堂出版，2002.

[24]　大垣眞一郎監修，財団法人河川環境管理財団編：河川と栄養塩類－管理に向けての提言，pp.71-106，技報堂出版，2005.

[25]　野崎隆夫：大型底生動物を用いた河川環境評価，水環境学会誌，vol35,No4,2012.

[26]　環境省：平成26年度全国水生生物調査の結果について，報道発表資料，2015.
http://www.env.go.jp/press/101063.html，2016.9時点.

[27]　東京都：水辺環境保全計画，1993.

[28]　環境省：水生生物保全に係る水質目標の検討について，報道発表資料，2000.
http://www.env.go.jp/press/1968.html，2016.9時点.

[29]　環境省：水質汚濁に係る環境基準についての一部を改正する件（平成15年環境省告示第123号），2003.

[30]　岡田光正・大沢雅彦・鈴木基之編著：5.1　河川生態系の保全と管理，環境保全・創出のための生態工学，丸善，1999.

[31]　環境省：水質汚濁に係る環境基準についての一部を改正する件（平成28年3月30日環境省告示第37号），2016.

[32]　環境省：水質汚濁に係る環境基準についての一部を改正する件の施行について（通知），環水大水発1603303号，2016.

[33]　環境省：第8次水質総量削減の在り方について（答申），2015.

[34]　水循環基本法（平成26年4月2日法律第16号），2014.

[35]　水循環基本計画（平成27年7月10日閣議決定），2015.
http://www.kantei.go.jp/jp/singi/mizu_junkan/kihon_keikaku.html，2016.9時点.

[36]　内閣官房水循環政策本部：平成27年度水循環施策（水循環白書），2015.
http://www.kantei.go.jp/jp/singi/mizu_junkan/pdf/h27_mizujunkan2.pdf，2016.9時点.

第３章　水環境総合指標の必要性

河川の水環境を評価する場合に用いられてきた方法として，水質環境基準の項目であるBODの達成率がある．高度経済成長期の河川等の水域の汚濁が著しく進んでいた頃には，その状態の良し悪しをよく表し，また，人々の水環境の評価とも整合性があったと考えられる．近年の河川の水質環境基準（生活環境項目）の達成率をみると，平成14(2002)年度から85％を超え，平成19(2007)年度以降は90％以上が維持されている[1]．にもかかわらず，人々の河川に対する満足度は十分とは言えない状況にある．この点は，1章の「1.3 住民の水環境に対する意識」でも記載したことである．

したがって，BODなどで示される水質状況だけでは水環境を正しく評価することは困難であり，一面的なものにとどまることになる．言い換えれば，水環境を総合的に評価できる方法やその指標が求められてきた．

3.1　環境基本計画での位置付け

水環境の総合的評価手法の必要性は，第2次環境基本計画［平成12(2000)年12月閣議決定］[2]において，環境問題の各分野に係る施策の一つとして初めて掲げられた．その記述は，「地域の住民，事業者などの参加や協力を得ながら，地域の実情に即し，水質，水量，水生生物及び水辺地を含めた水環境を総合的に評価する手法について調査検討します．」であった．

そして，第3次環境基本計画［平成18(2006)年4月閣議決定］[2]では，「国は，流域の住民が，流域ごとの特性に応じ，環境保全上健全な水循環の構築の観点から，水循環の課題点を共有し，目指すべき将来像を設定することを支援するため，住民等が参加しながら，水質のみならず，水量，水辺地，水生生物を含めた水環境を総合的に評価する手法や効率的・効果的なモニタリング体制等，環境保全上の観点から水循環の健全性を診断していく上で効果的な手法等の検討を行います.」とより踏み込んだ記述に変わってきていた.

このように，環境基本法第15条に基づき政府が定める環境基本計画において，総合指標の検討の必要性が示され，評価手法の検討が実施され，そして指標を活用する段階へと進展した経緯を有している.

平成24(2012)年４月27日に閣議決定された第４次環境基本計画[2]にも，水環境保全に関する取組に関して，「水環境保全に対する国民的要請が多様化しており，従前の水質に係る指標では水環境の実態を十分には表現できない状況にあるとともに，水質環境基準の達成状況と比べ，水環境に対する国民の満足度は低い状況にある.」との課題認識が示されている.

そして，環境保全上健全な水循環の確保を含め，水環境保全に関する施策を展開するうえで共通の考え方が示されている．そのうち，地方公共団体の役割として，下記の二点が挙げられている.

1） 流域ごとの水環境の現状を把握し，人口減少等社会構造の変化を考慮しつつ，目標を設定して，流域の住民等と共有できるよう，わかりやすく提示することが重要である．目標を設定する際は，水環境の健全性を総合的に評価する手法を活用することが重要である.

2） 現状の水環境の診断のため，水質，水量，水生生物等の水環境の状態を，洪水，渇水など様々な変動による影響も含め把握し，地図化することなどによりわかりやすく整理する必要がある．なお，地図化によって地域の水環境を評価するに当たっては，適切な指標を関係者で設定し，共有することが重要である.

まさに，水環境の総合的な指標を目標設定のためにツールとして活用し，水環境の実態把握と評価を行うことが求められている.

このような第４次環境基本計画における総合的評価の必要性の記述は，そ

コラム　環境基本計画とは

環境基本計画は，環境基本法第 15 条に基づき政府が定める，環境の保全に関する施策の総合的かつ 長期的な施策の大綱である．

第 1 次環境基本計画の策定[平成 6(1994) 年 12 月]:「循環」，「共生」，「参加」及び「国際的取組」が実現される社会を構築することを長期的な目標として掲げられた．

第 2 次環境基本計画の策定［平成 12(2000) 年 12 月)：「理念から実行への展開」と「計画の実効性の確保」という点に留意して，地球温暖化対策など重点的に取り組むべき戦略的プログラムを設定，推進体制の強化や，進捗状況の点検の強化が掲げられた．

第 3 次環境基本計画［平成 18(2006) 年 4 月]：環境と経済の好循環を提示し，さらに社会的な側面も一体的な向上を目指す「環境的側面，経済的側面，社会的側面の統合的な向上」などが提示された．

第 4 次環境基本計画［平成 24(2012) 年 4 月]：環境行政の究極目標である持続可能な社会を，「低炭素」，「循環」，「自然共生」の各分野を統合的に達成することに加え，「安全」がその基盤として確保される社会であると位置付けた．

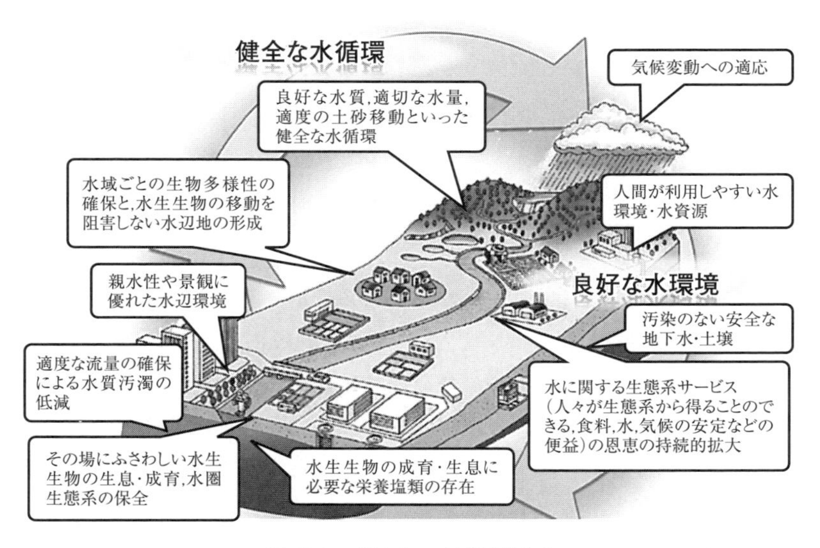

図-3.1　望ましい水環境像[3]

れに先立つ平成23(2011)年3月に環境省にて取りまとめられた「今後の水環境保全の在り方について」[3]の報告書における，次のような指摘を受けたものである．それは，**図3-1**に示されるような望ましい水環境像に関して議論されたところに記載されている．

・水質以外の水環境の構成要素も考慮した望ましい水環境を表すような環境基準については今後の課題であるが，当面は，目標となりうる指標について，定量的な基準のみならず，定性的に表すことができる指標を検討していくことが必要であること

・水環境健全性指標や宍道湖で実施された五感を用いた水環境の評価手法など，厳密な科学的知見や数値化によらない方法であっても，相対的な評価や地域住民の意見形成における共通の物差しとして有効な指標については，水環境保全の目標として検討していくべきであること

以上のように，人々の水環境に対する意識が高まり，水質の目標となる環境基準に加えて，地域の特性に応じ良好な水環境を実感できる指標が求められた．そして，水環境に係る様々な要素が相まって改善され，健全に保たれてこそ，住民は水環境が良くなったと実感できるものと考えられる．

3.2　国内における水環境の総合的評価手法

3.2.1　水循環計画づくりにおける検討

平成15(2003)年10月に，健全な水循環系構築に関する関係省庁連絡会議は「健全な水循環系構築のための計画づくりに向けて」[4]をとりまとめている．ここでの検討対象は，水環境ではなく水循環の健全化ではあるが，どのような目標やプロセスで実際に取り組むかについて，地域が主体的・自立的に考え，具体的な施策を導き出すための基本的な方向や方策のあり方を提示している．目標としてふさわしい指標を選定する際には，次に示す5つの基本方針に照らして行うこととされている(**表3-1**)．

・流域の貯留浸透・かん養能力の保全・回復・増進（水を貯える・水を育む）
・水の効率的利活用（水を上手に使う）
・水質の保全・向上（水を汚さない・水をきれいにする）
・水辺環境の向上（水辺を豊かにする）
・地域づくり，住民参加，連携の推進（水とのかかわりを深める）

水環境の健全性は，健全な水循環系のなかで確保されるものであることから，総合的な評価手法の検討という面では相互に深く関連しているものである．**表-3.1** に示されているように，水循環計画づくりにおける基本方針に照らして目標としてふさわしい指標を選定する際には，水環境との深い関わりがあるものが多くある．したがって，次章で説明する水辺のすこやかさ指標“みずしるべ”における，「自然なすがた」，「水のきれいさ」，「快適な水辺」，「地域とのつながり」の評価軸に相通じる項目が明示されている．

なお，これらの評価の視点は，平成9（1997）年の河川法改正の前後の時期

表-3.1　水循環系における目標としての指標例[4]

基本項目			指標例
基本方針	流域の貯留浸透・かん養能力の保全・回復・増進（水を貯える・水を育む）	浸透能力	流域浸透量，浸透施設普及戸数率，農地面積，森林・緑地面積
		地下水	湧水量，地下水かん養量
		平常時の河川流量	平常時流出量，河川流況，自然系流量
		治水安全度，浸水に対する安全度	表面流出量，流出率，洪水流量，流下能力
		流域の自然度	森林・緑地面積
	水の効率的利活用（水を上手に使う）	水利用の安定性	河川水質，水供給量
		使用水量	生活用水使用量原単位
	水質の保全・向上（水を汚さない・水をきれいにする）	水質	河川水質（BOD 値等）
		汚水処理形態	下水道処理人口普及率，合併処理浄化槽設置率
	水辺環境の向上（水辺を豊かにする）	身近な水辺の状況	親水空間面積（延長），景観の満足度，（延長）河川敷地利用状況
		水辺の自然度	自然河岸延長，多自然型護岸率，住民の満足度
	地域づくり，住民参加，連携の推進（水とのかかわりを深める）	市民活動	イベント（内容・開催頻度），団体数
		水文化	伝統行事，日々の水とのかかわり

に河川分野で実施されていた清流ルネッサンス 21 事業 [5] での目標設定，河川生態学術研究会 [6] の研究活動，四万十川や長良川などでの川らしさの検討成果が反映されて生み出されてきたものと考えられる．

コラム　清流ルネッサンス 21 とは

地元市町村等と河川管理者，下水道管理者及び関係機関が一体となって，協議会を組織し，各関係者が合意のうえで水質改善目標を定め，水環境改善事業を総合的，緊急的かつ重点的に実施することを目的とした，アクション・プログラムである．

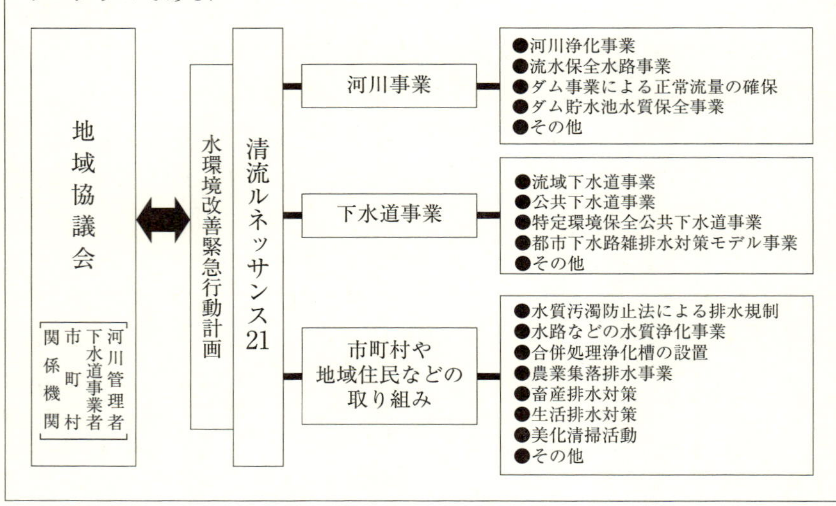

3.2.2　河川水質管理の視点からの検討

(1)　全国一級河川の水質現況の公表

国土交通省では，昭和 33 (1958) 年から全国の一級河川（直轄管理区間）で水質調査を実施して，そのとりまとめ結果を公表してきている [7]．これは，河川の水質現況を紹介するだけでなく，水質改善状況を報告しながら，水環境の改善施策を実施していくことの重要性を示唆しているものでもある．

この水質概況の公表内容の変化について一つ紹介したい．平成 23 (2011)

年度までは，BOD濃度の年間平均値を並べて河川別水質ランキングが示されていたが，その翌年度からはその記載が消えている．一方で，水質が最も良い河川や水質改善の状況を紹介する内容が充実している．10年以上前の平成14(2002)年度までは，ワースト5やベスト5が示されていた．そして，平成15(2003)年度からはBOD値の低下傾向を示して，ワースト5の河川などにおける水質改善状況も報告され始めている．

水質による河川ランキングはわかりやすい方法であり，水質を改善する動機になることから全面的に否定すべきではない．しかし，河川水質がある程度改善された状況では，ランキングの意義は低下していること，そして，BODという指標だけでは一面的な評価になることなど，限界がある．つまり，水質だけでなくそこに生息している生物や人と川のふれあいからの水質評価など，総合的に河川の水質や水環境を評価すべきであるとの反省がなされてきたことが，この全国一級河川の水質現況の公表の変遷を見るとわかってくる．

(2)　新たな河川水質管理のための指標づくり

河川水質をBODだけでなく多様な視点で捉える必要性があるとの背景を踏まえ，平成17(2005)年3月に国土交通省により「今後の河川水質管理の指標について（案）」[8]がとりまとめられている．そのなかで，従来の公共用水域監視のための調査に加えて，新たに河川整備計画へ住民の意見を反映する観点から，住民との協働による水質調査が重要であることが示された．

住民との協働による水質管理とともに，次の4つの視点に応じた水質管理が今後の河川水質管理に求められるという方向性が打ち出された．そして平成21(2009)年3月の一部改訂[8]を受けて，平成21(2009)年度の河川水質調査より適用されている．

・人と河川との豊かなふれあい確保のための水質管理

・豊かな生態系を確保するための水質管理

・利用しやすい水質のための水質管理

・下流域や滞留水域に影響の少ない水質の確保のための水質管理

例えば，人と河川との豊かなふれあい確保に関しては，**表-3.2**に示すような評価項目と評価レベルが整理されている．この表にあるように，ランクの解説やそのイメージ図，さらには数値で示される定量的な評価項目とともに記述式の評価項目もあり，多面的な評価を試みている．なお，この河川水質管理面から指標の目標水準の設定や評価方法などが検討されていた時期と同じくして，環境省により水辺のすこやかさ指標（水環境健全性指標）[9] の検討が展開されていた．

表-3.2　人と河川の豊かなふれあいの確保に関する評価項目と評価レベル [8]

<table>
<tr><th rowspan="2">ランク</th><th rowspan="2">説明</th><th rowspan="2">ランクのイメージ</th><th colspan="5">評価項目と評価レベル＊1</th></tr>
<tr><th>ゴミの量</th><th>透明度（cm）</th><th>川底の感触＊3</th><th>水のにおい</th><th>糞便性大腸菌群数（個 /100mL）</th></tr>
<tr><td>A</td><td>顔を川の水につけやすい</td><td></td><td>川の中や水際にゴミは見あたらない
または，ゴミはあるが全く気にならない</td><td>100以上＊2</td><td>不快感がない</td><td rowspan="2">不快でない</td><td>100 以下</td></tr>
<tr><td>B</td><td>川の中に入って遊びやすい</td><td></td><td>川の中や水際にゴミは目につくが，我慢できる</td><td>70以上</td><td>ところどころヌルヌルしているが，不快ではない</td><td>1,000 以下</td></tr>
<tr><td>C</td><td>川のなかには入れないが，川に近づくことができる</td><td></td><td>川の中や水際にゴミがあって不快である</td><td>30以上</td><td rowspan="2">ヌルヌルしており不快である</td><td>水に鼻を近づけて不快な臭いを感じる
風下の水際に立つと不快な臭いを感じる</td><td rowspan="2">1,000 を超えるもの</td></tr>
<tr><td>D</td><td>川の水に魅力がなく，川に近づきにくい</td><td></td><td>川の中や水際にゴミがあってとても不快である</td><td>30未満</td><td>風下の水際に立つと，とても不快な臭いを感じる</td></tr>
</table>

＊1　評価レベルについては，河川の状況や住民の感じ方によって異なるため，住民による感覚調査等を実施し設定することが望ましい．
＊2　実際には 100 cm を超える水質レベルを設定すべきであり，今後の測定方法の開発が望まれる．
＊3　川底の感触とは，河床の礫に付着した有機物や藻類によるヌルヌル感を対象とする．そのため，川底の感触は，ダム貯水池，湖沼，堰の湛水域には適用しない．

3.3　水質指標から水環境総合指標へ

3.3.1　水環境を総合的に評価する必要性

住民に現状の水環境を的確に理解してもらうために，そして，よりよい水環境を育むためにどのような指標を考えるのかという問いに答える必要がある．そこで，ここまでの内容を整理する．

水環境の定義は，「その場における水に関わる環境面での状況を捉えたものであり，水についていわば『場』の面から着目したものである」と考える．水環境は，四季の変化に富み，水質以外の面からの良さも評価されるべきである．そして，水環境は，水質，水量，水生生物，水辺地，地域，歴史，文化といった水に関わる様々な環境要素から構成される．そして，健全な水循環が確保されたもとで，望ましい水環境像を総体としてイメージすることが重要である．

国の定める環境基本計画においても，総合的に水環境を評価する必要性が示されている．2 章で紹介した EU の水枠組み指令においても総合的な評価のための視点として，水質の状態とともに生態学的な状態の評価が重要であると認識されてきている．

河川の水質の目指すべき姿については，水質環境基準がある．そして，河川の低水量の時期における管理上の目標としての正常流量も定められている．特に，水質状態の評価では，BOD などの汚濁指標を活用することができ，かつデータの蓄積も進んでいると言える．実際に，毎年環境省からは公共用水域の水質測定結果 [1] として，国土交通省からは全国一級河川の水質現況 [8] として，公表されている．我が国の河川水質の状態は，水質環境基準の達成率が既に 90 % を超えていることからもわかるように，水浴や水道用水など水利用用途の観点からは，ある一定以上のレベルにまで改善されている．しかし，一方で，住民へのアンケート調査の結果からは，まだ多くの住民の関心が水環境に回帰しているとは言い難い．これらは，1章ですでに記載したとおりである．

すなわち，水質や水量に関する目標指標は存在するものの，水生生物，水辺地，歴史，文化などについては，その状態を表現する指標が存在していない状況である．多様な要素で構成される水環境の現状を住民に伝えつつ，さらに水質だけでなく水環境を改善していく必要がある．そのためには水環境を総合的に捉える水環境の指標が求められる．

以上のように，総合的に評価すべき水環境を住民によく知ってもらうためには，直接，住民が参加して河川を調査する際に利用できるような理解しやすく，使いやすい指標を開発することが必要である．このような総合指標ができれば，住民を水辺に呼び戻すきっかけとなる．必ずしも厳密に科学的ではなくても，また数値化されないものでも，上記のような性格を有した水環境総合指標を開発し，普及を進めることが重要である．

3.3.2　日本水環境学会における取組

環境省は，平成16(2004)年度から水環境健全性指標の検討を開始した．そして，平成21(2009)年度にはその検討成果として，水辺のすこやかさ指標“みずしるべ”を公表している．日本水環境学会は，この指標の検討に携わる機会を得た．その後，学会内に水環境の総合指標研究委員会を設置して，この指標検討の経験を生かし，水環境健全性指標のさらなる深化と普及の両面に取り組んできた．その活動の詳細は，学会の「水環境健全性指標に関する環境省請負業務とその発展的研究成果」のホームページ[10]に紹介されている．

指標の検討においては，まず，従来の“水質”や“水量”に加え，“生きもの”や“地域とのつながり”などの多様な視点から河川の水環境を調べる指標の意義を考えながら，健全性指標の概念構築，そして，指標の基本的な考え方を整理した．そのなかで，水環境が健全である状態を自然環境と人間活動のバランスのとれた状態として，自然環境に関しては，「自然なすがた」と「ゆたかな生物」，人間活動に関しては，「水の利用可能性」，「快適な水辺」，

「地域とのつながり」の計５つの評価軸を設定した[11]（**表-3.3**）.

これらの評価軸とそれを具体的に表す個別指標，そして，指標を用いた調査方法に関する内容は，次章「水辺のすこやかさ指標」において詳しく説明されている.

表-3.3　水環境の健全性に関する評価軸[11]

評価軸	評価軸の意味
自然なすがた	水辺環境が本来の自然な状態をどの程度維持しているかの評価
ゆたかな生物	水辺環境での生態系の豊かさ及び生物のすみ場についての評価
水の利用可能性	水質のきれいさからの水の利用可能性についての評価
快適な水辺	水辺環境のきれいさや静かさ等人の感覚的な評価
地域とのつながり	水辺環境とのつながりの度合いの評価

参考文献

3.1

[1]　環境省：平成26年度公共用水域水質測定結果，2015. http://www.env.go.jp/water/suiiki/, 2016.9時点.

[2]　環境省：環境基本計画，2000, 2006, 2012. https://www.env.go.jp/policy/kihon_keikaku/index.html，2016.9時点.

[3]　環境省：今後の水環境保全の在り方について（取りまとめ），2011. http://www.env.go.jp/press/press.php?serial=13595, 2016.9時点.

3.2

[4]　健全な水循環系構築に関する関係省庁連絡会議：健全な水循環系構築のための計画づくりに向けて，2013. http://www.mlit.go.jp/tochimizushigen/mizsei/junkan/keikakudukuri.html，2016.9時点.

[5]　流域の水環境改善プログラム評価に関する検討会：流域の水環境改善に関するプログラム評価書，2003. http://www.mlit.go.jp/river/shinngikai_blog/past_shinngikai/shinngikai/kondankai/mizukankaizen/，2016.9時点.

[6]　河川生態学術研究会 http://www.rfc.or.jp/seitai/seitai.html，2016.9時点.

[7]　国土交通省：全国一級河川の水質現況. http://www.mlit.go.jp/river/toukei_chousa/kankyo/kankyou/suisitu/，2016.9時点.

[8]　国土交通省河川局河川環境課：今後の河川水質管理の指標について（案），2005,

2009.
http://www.mlit.go.jp/kisha/kisha05/05/050330_.html, http://www.mlit.go.jp/common/000046619.pdf, 2016.9 時点.
[９] 環境省：水辺のすこやかさ指標（みずしるべ）「みんなで川へ行ってみよう！」 http://www.env.go.jp/water/wsi/index.html, 2016.9 時点.

3.3

[10] 日本水環境学会：水環境健全性指標に関する環境省請負業務とその発展的研究成果. https://www.jswe.or.jp/publications/jutaku/wsi/index.html, 2016.9 時点.
[11] 日本水環境学会：水環境の総合指標研究委員会 成果集, 2013. https://www.jswe.or.jp/publications/jutaku/wsi/index.html, 2016.9 時点.

第４章　水辺のすこやかさ指標

4.1　指標のすがた

水辺のすこやかさ指標[1]は愛称を『みずしるべ』と呼び，水環境の状態を「自然なすがた」，「ゆたかな生きもの」，「水のきれいさ」，「快適な水辺」および「地域とのつながり」の５つの軸から捉えている．これら５軸の得点をレーダーチャートで表し，その形状から総合的に水環境の状態を判断しようとする指標である（**図-4.1**）．この水辺のすこやかさ指標は，主に学術的に利用・引用する場合には『水環境健全性指標』（略して健全性指標）と呼んでいる[2]．

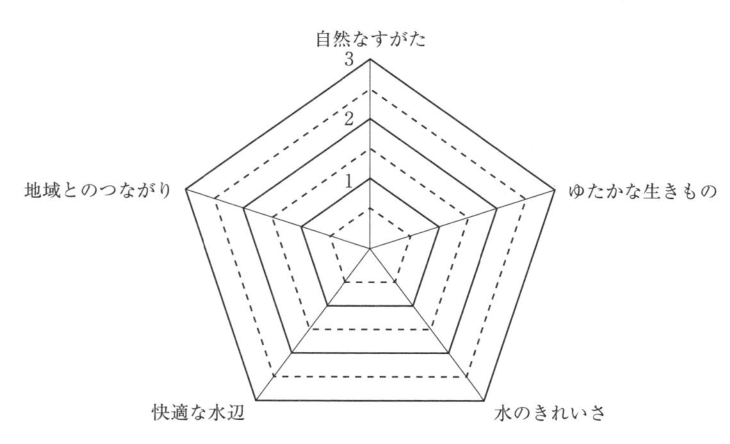

図-4.1　「水辺のすこやかさ指標」のレーダーチャート図による表記

4.1.1　指標の概念

(1)　基本的な考え方

水環境を構成する要素としては，水質以外にも，自然性，生物の多様性，水辺の快適性や地域の歴史・文化を背景とした人と水との係わりというような要素が挙げられる．これらの要素が改善され，健全に保たれてこそ，水環境が良くなったと実感できるであろう．水質以外の水環境の要素については，その状態を表す目的別の指標がいくつか提案されている．例えば，生物指標等である．しかし，水環境の健全性を総合的に判断するための指標は確立されていないのが現状である．

こうした背景から，環境省では，住民・NPO等が水環境の健全性に係わる様々な要素の実態を把握し，改善活動のツールとして使うことができる「水辺のすこやかさ指標(水環境健全性指標)」を策定することとした．この時，指標の構築では，特に以下の点に留意している．

- ◦水環境を水質だけでなく幅広い観点から捉えること
- ◦精神的な豊かさ等，心の面からも水環境を捉えること
- ◦流域全体として把握するなど，水の循環を重視すること
- ◦わかりやすく，使いやすく，継続的に利用されること
- ◦住民・NPO等の活動成果が映し出され，行政の施策立案に役立てることができること

(2)　指標の活用対象者

水環境健全性指標は，住民・NPO等（学校での活用を含む）や行政を活用者として想定している．同指標により地域の水環境を把握し，そのことを通じて水環境の改善につながる活動の環が広がり，施策も展開されることを目指している．

(3)　対象とする水環境とその要素

水辺のすこやかさ指標が主に対象とするのは，身近な河川(普通河川や準用

河川等の小河川）である．もちろん，一級河川や二級河川でも構わないが，河川の状況によっては危険防止のために河川管理者等が同行して一緒に調査を行うことが必要である．さらに，水路や湖沼池に調査を適用することもできる．

また，対象とする水環境は，地先の水辺（堤外地を含む）と周辺の堤防や一部の堤内地を含むが，水域の連続性を考慮した流域という視点からも捉えることが重要である．

水環境の要素は，水量，水生生物，水質（物理的，化学的，感覚的），水辺景観，さらに，地域の歴史・文化というような人文・社会学的な構成要素を対象に含め，水環境と住民との関係を多様な観点から捉えようとしている．

4.1.2　5つの調査軸と個別指標の設定

(1)　5つの調査軸

水環境が健全である状態とは，その場において自然環境と人間活動のバランスがとれた状態を言う．この点を調べることができるように，まず，自然環境と人間活動という2つの大きな視座を設け，自然環境2つ，人間活動3つの計5つの調査軸を設定している．各軸は，それぞれ他の軸とは無関係の独立したものではなく，相互に関連性を有している（**図-4.2**）．

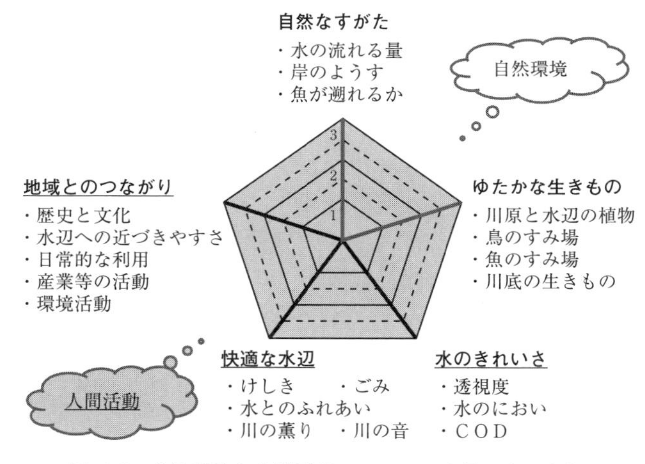

図-4.2　自然環境と人間活動のバランスを見るものさし

(2)　個別指標

各調査軸の内容を具体的に表す個別指標を3〜5つ設定し．各々3段階で水環境の状態を調べ判断する．

第1軸：自然なすがた

① 水の流れる量：晴天時における水の流れの豊富さ

② 岸のようす：護岸の状況

③ 魚が川を遡れるか：生物の移動を妨げる構造物の状況

第2軸：ゆたかな生きもの

① 川原と水辺の植物：水生植物や水辺の植物の繁茂状態

② 鳥のすみ場：鳥類の生息状況とすみ場の有無

③ 魚のすみ場：魚類の生息状況とすみ場の有無

④ 川底の生きもの：川底に生息する生物の状況

第3軸：水のきれいさ

① 透視度：水の視覚的なきれいさを透視度から判定

② 水のにおい：人為的な汚水の混入によるにおい

③ COD：生活に伴って排出される有機物の量

第4軸：快適な水辺

① けしき（感じる）：川らしく気持ちの良い景色か

② ごみ（見る）：川にあるごみ等の水辺の見た目

③ 水とのふれあい（触る）：水や川床に手や足で触れた感触

④ 川の薫り（かぐ）：川辺で感じるかおり

⑤ 川の音（聞く）：川辺で聞こえる音の質と大きさ

第5軸：地域とのつながり

① 歴史・文化：川にまつわる歴史的・文化的な話等

② 水辺への近づきやすさ：水辺へ簡単に近づけるか

③ 日常的な利用：散歩，スポーツ等に利用されているか

④ 産業等の活動：漁業や水道用水等に利用されているか

⑤ 環境活動：清掃活動や環境学習等が行われているか

4.2　指標の特色

水辺のすこやかさ指標は，従来の様々な水質指標等とは異なり，次のような水環境総合指標としての特色を有している[3].

① 客観的判断と主観的判断による3段階の判別：個別指標はできるだけ客観的な判断をする場合（1，2，3，5軸）と主観を前面に出して判断する場合（4軸）があり，共に3点満点で判別する．客観性のある指標だけで調査したい場合には，軸を絞って調査することもできる．

② 第5軸（地域とのつながり）について：水辺のすこやかさ指標を構成する軸の中で，個性的な軸は第5軸（地域とのつながり）である．同軸の個別指標では，昔からの川と地域の係わりを調べている．事前に調べたり地域の古老に聞いたりすることが大切で，このような準備自体が伝承の機会を提供している．調査を契機に身近な川の歴史に関心を持つ人たちも多い．

③ 水辺のすこやかさ指標の適用性：健全性を判断する各軸の個別指標は，利用目的や計測機材の入手の可否等に合せて，適宜省略して調査することができる．この時，自然環境と人間活動という2つの視座を残した軸構成とすることが望ましい．そうすることにより調査後に水環境の健全性について議論することができる．

4.3　調査の方法

ここでは，数人で構成されるグループで調査を行う場合を想定する．最初に水辺のすこやかさ指標の調査紙（「観察ノート」と「観察ノートのまとめ表」）について解説し，次いで住民・NPO等が参加して調査を実施するまでの留意事項について説明する．

4.3.1　水辺のすこやかさ指標の調査紙[1,4]

調査で使用する調査紙は2種類ある．水環境を見て個人として記入する「観察ノート」(**図-4.3**)，そして，それらをグループ内でとりまとめた「観察ノートのまとめ表」である(**図-4.4**)．

まず，観察ノートには観察者の名前と調査日や調査場所を記入する．調査場所の欄には川の名前を書くが，準用河川や普通河川についてはわからないことも多い．そのような場合には，場所の目印になる橋や周辺の建物等の固有の名前，電柱に記されたアドレスを記入しておく．できれば，下流まで歩き，合流している大きな川の名前や場所を確認しておくとよい．これらの情報をもとに市役所等の河川担当に聞けば，川の名称を教えてもらうことができる．

水環境を観察した結果については，1〜3点の3段階で判断する．同時に，判断した理由を「決めた理由(わけ)」欄に簡潔に記しておく．さらに，観察ノートの最後に自由記述の欄があるので，感想や気付いた点等を書いておく．

次に，観察ノートのまとめ表であるが，リーダーがグループ内のメンバーの観察ノートを一つの表にまとめて情報を集約する．気温や水温は現場で測定して記録しておく必要があるが，その他の記述は現場から戻り机上で記入した方がやりやすい．または，調査の前にあらかじめ記入できる内容は記入しておくとよい．最初に，グループの名前と代表者，観察者の名前を記し，調査を行った人数も記録しておく．気温と水温は，基礎データとして必ず記入する．

調査場所(調査区間)の特徴を絵にして描いて記録するが，手書きで様々な情報も一緒に記入しておくとわかりやすい．手書きが苦手な人は，携帯電話の機能を使い場所を特定し(現在位置と緯度，経度の情報等)，後日その場所の地図を出力し貼ってもよい．その図には調査の際に参加者が気付いた様々な事項を丹念に書き込んでおく．さらに，現場の写真を撮り，調査の状況を資料として残すことも有効である．これらによって調査時の現場の情報を保存することができる．

観察ノート

水辺のすこやかさ調べ

学校・グループ名		調査月日：　年　月　日　時 ～ 時	
学　年	年生	きょうの天気	きのうの天気
名　前			
調査場所	川の名前：	場所の目印など：	

川の水や生きもの，けしきなどを観察しながら，次の3段階のあてはまるところに○印をつけましょう．また，決めた理由（わけ）を書きましょう．

① **自然なすがた**

質問＼段階	3	2	1	決めた理由（わけ）
●水の流れはゆたかですか？	ゆたかな流れ	流れがある	流れがない	
●岸のようすは自然らしいですか？	自然が多くのこっている	人工的だが自然のようすを取り入れている	人工的でコンクリートが多い	
●魚が川をさかのぼれるだろうか？	上流にさかのぼれる	さかのぼれる工夫がされている（魚道など）	障害物があって，さかのぼれない	

② **ゆたかな生きもの**

質問＼段階	3	2	1	決めた理由（わけ）
●川原と水辺に植物がはえていますか？	種類が多くて，たくさんはえている	ところどころはえている	はえていない	
●鳥はいますか？	水辺の鳥がたくさんいるかすみ場が多い	鳥のすみ場があるが多くない	鳥がいないしすみ場もない	
●魚はいますか？	魚がたくさんいるかすみ場が多い	魚やすみ場があるが多くない	魚がいないしすみ場もない	
●川底に生きものがいますか？	川底に砂や石があって，うっすらと藻がついている．虫がいる	石の表面がぬるぬるしている（藻が多い）	川底は黒っぽくて藻や虫はいない	

③ 水のきれいさ

質問＼段階	3	2	1	決めた理由（わけ）
●水は透明ですか？	透視度が70cm 以上	50cm 以上70cm 未満	50cm 未満	
●水はくさくないですか？	においを感じない	少しくさい	とてもくさい	
●水はきれいですか？（COD）※自由選択	3mg/l 以下	5mg/l 以下	5mg/l を超える	

④ 快適な水辺

質問＼段階	3	2	1	決めた理由（わけ）
●川やまわりのけしきは美しいですか？	美しい	ふつう	よくない	
●ごみが目につきますか？	ごみがない	ごみはあるが多くはない	ごみがとても多い	
●水にふれてみたいですか？	ふれてみたい	ふれてもよい	水にふれたくない	
●どんなにおいを感じますか？	心地よいかおり	気になるにおいはない	いやなにおいがする	
●どんな音が聞こえますか？	川の心地よい音がする	気になる音はしない	いやな音やそう音がする	

⑤ 地域とのつながり

質問＼段階	3	2	1	決めた理由（わけ）
●川にまつわる話を聞いたことがありますか？	たくさん聞いたことがある	聞いたことがある	聞いたことがない	
●水辺には近づきやすいですか？	近づいて，水にふれられる	近づけるが，水にふれられない	水辺を見ることができない	
●多くの人が利用していますか？	多くの利用がある	利用はあるが少ない	利用されていない	
●産業などの活動	よく利用されている（漁業や水道）	少し利用されている	利用されていない	
●環境の活動	多くの人々が環境に係わる活動をしている	時々または一時的に活動をしている	全く活動がない	

自由記述（調査に参加して感じたこと）

図 -4.3　水辺のすこやかさ指標の「観察ノート」

観察ノートのまとめ表

水辺のすこやかさ調べ

1．調査を行った人や月日，川などの記録

学校・グループの名前	○○○	記入者の名前	△△△△
代表者の氏名 （担当の先生など）	□□□□	調査を行った人数	16人
参加した人たちの学年など（当てはまるものに○）	1．小学生（1～3年生）　②小学生（4～6年生） 3．中学生（1～3年生）　④高校生以上 ⑤これら以外（NPO等団体のメンバー）		
調査した川の名前	重　川	調査した日	平成20年3月16日（日）
調査した川の位置（区間） （○○橋付近など）	清水橋	調査を始めた時間から終わった時間	14時頃から15時頃まで
調査地点の気温（℃）	14℃	調査地点の水温（℃）	4℃

2．調査を行った川とその周辺の特徴の記録

調査を実施した場所とその周辺の特徴，見つけた植物や生きものの名前やそれらがいた場所など，自由に記入してください（絵を描くと分かりやすい）．

植物
オギ・ツルヨシ・ヤナギ・大根・タネツケバナ
（ビングシ川には コカナダモ）（用水路Aには クレソン）

鳥　タシギ（旅鳥）・キジ・ホオジロ・セキレイ・ジョウビタキ

魚
本川（水温16.5℃）ヨシノボリ・シマドジョウ
用水路（A）（水温15℃）ドジョウ・アメリカザリガニ・モツゴ・アブラハヤ・タモロコ
ビングシ川（水温16.9℃）ナマズ・スッポン・アカガエルの卵塊

底生生物（平瀬・早瀬）
ユスリカ・コカゲロウ・シズムシ・ヘビトンボ・ヒル・トビケラ

専門家のコメント
㊟ヤマメ・アユがいてもよい環境だが水質や底質が悪い
㊟周囲はねぎやネギの畑が多い．田園風景と言えるが，単調である

川の様子
・本川の川底は砂質で一見きれい
・しかし農家が流したと思われるプラスチックゴミも多い．
・用水路Bの流入口には家庭から排水されたと思われるゴミが大量に溜まっている

3. 調査結果のまとめ

みなさんが行った結果を集めて，それぞれの項目を合計して総合平均値を出してみましょう.

調査軸	調査項目	平均
自然なすがた	流れる水の量	2.0
	岸のようす	2.1
	魚が川をさかのぼれるか	1.6
	総合平均	1.9
ゆたかな生きもの	川原と水辺の植物	2.0
	鳥の生息，すみ場	2.5
	魚の生息，すみ場	2.8
	川底のようすと底生生物	2.0
	総合平均	2.3
水のきれいさ	透視度	2.0
	水のにおい	2.6
	COD（自由選択）	3.0
	総合平均	2.5

調査軸	調査項目	平均
快適な水辺	けしき　（感じる）	25
	ごみ　（見る）	1.5
	水とのふれあい　（触る）	1.9
	川のかおり　（かぐ）	2.0
	川の音　（聞く）	2.8
	総合平均	2.1
地域とのつながり	歴史と文化	—
	水辺への近づきやすさ	2.0
	日常的な利用	2.0
	産業などの活動	2.0
	環境の活動	2.0
	総合平均	2.0

（まとめ）
川について気付いたことをまとめましょう.
また，例えば，下のレーダーチャート図を作成し“水辺のすこやかさ”を見てみましょう.

- 堰はない方がいい
- 魚が見えると川に入りやすい
- 生物のすみ場は市民にはわかりにくい
- 子供にはまず現場で生き物を感じさせる
- 水がきれいで小さな子供ほど夢中になる
- ゴミが多かった

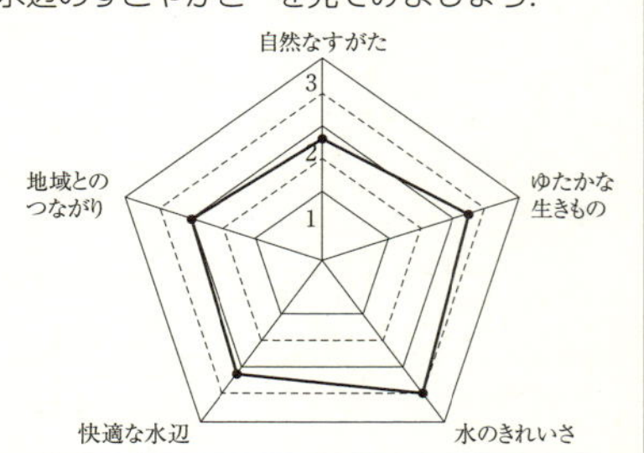

図-4.4　観察ノートのまとめ表

次に，調査結果のまとめの頁には，参加者が判断した個別指標の得点を平均して少数第1位までの数字として記録する．さらに，それらを平均して，各軸の得点を記入する．最後に，調査結果の概要を知るために，各軸の得点をレーダーチャートとして描いてみる．この結果を見て，余白に図形の解釈ができるよう各軸の留意事項をメモしておくと，後で調査結果を整理する時に役立つ．

4.3.2　活動への参加

水辺のすこやかさ指標は，既に多くの住民・NPO等で利用され，調査が行われている（詳細は**第5章**を参照）．調査はまとまった人数で実施した方が役割の分担ができ負担も少なく，かつ広い視点からの調査が可能となる．もちろん，小さな川であれば少人数で調査しても問題ない．調査に自信のない人は，他団体に合流して調査を経験してもよい．内容を理解でき，注意点も知ることができる．このような調査団体を探す方法としては，例えば，インターネットを利用して地域の情報を検索することや地元の自治体に問い合わせてもよい．さらに，市区町村の広報，町内会の掲示板・回覧，学校からの案内等を参照して地域で行われている環境活動を調べ，そこに参画して水辺のすこやかさ指標を使った調査を提案することも考えられる．いずれにしても，地域の活動に馴染むことが大切である．

4.3.3　調査の企画，実行

一般的な調査の流れを**図-4.5**に示す．調査計画の立案から始まり，事前調査，現地調査，事後調査と結果のとりまとめまでを行い，1回の調査が完了となる．住民・NPO等でなく小・中学校の授業の中で調査を行う場合も基本的には同じ流れで調査計画を考える．まずは，安全に留意して調査計画を立案することが重要である．

(1)　調査の範囲

調査の対象としては，調査者の身近な河川が望ましく，半日程度で調査可

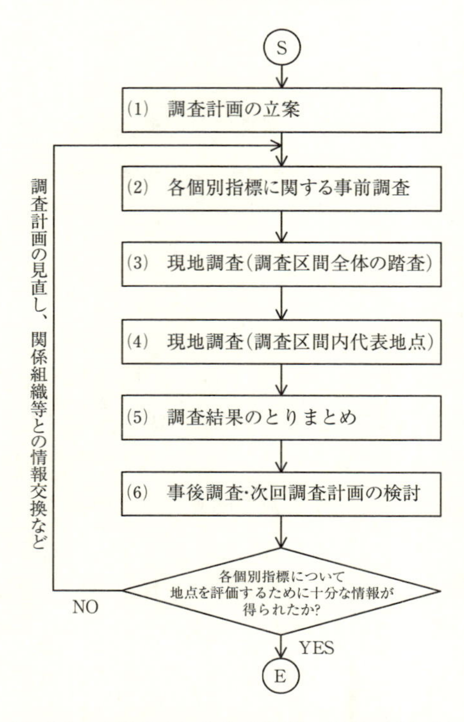

図-4.5　水辺のすこやかさ指標の調査の流れ[6]

能な範囲を想定する．河川の特色を踏まえて，数十 m から数百 m の区間を調査範囲として踏査を行う．時間的に余裕があれば，これら調査箇所を複数設けてもよい．

(2)　調査時期，調査項目の設定

調査する個別指標は自由に選択することができる．特に COD については理解が難しい場合は省略してもよい．また，個別指標には，河川に詳しい行政機関（河川部局や環境部局）の担当者と一緒に調査することが望ましい指標が多い．特に一級河川や二級河川の場合である．これらに留意して調査項目を確認する．

また，調査の目的によっては，望ましい調査時期を考慮した方がよい．例

コラム 「身近な川」について

身近な川と言っても，都市部ではなかなか川が見つからないことが多い．治水や安全等の理由のため，近づくことができなかったり，覆蓋化されたりして存在がわかりにくくなっている準用河川等がある（**図-4.6**）．

水辺のすこやかさ指標の調査は，二級河川や一級河川を対象としてもよいが，身近な川への関心を高める意味でもできるだけ準用河川や普通河川を対象として調査を行いたいものである（**図-4.7**）．

図-4.6　調査が不可能な準用河川

図-4.7　アプローチのある準用河川

えば，植生の存在状況や魚類の生息状況を知るためには，夏季に調査を行うことが望ましい．河川の実情を踏まえて，調査時期を設定することが重要となる．さらに，冬季等には個別指標ごとの調査の実施可能性を考慮して設定することも必要である．

(3)　実施体制

調査は，住民，NPO，学校関係者，行政担当者，専門家等が連携，協働して実施する．この体制は，地域の実情に応じて様々な形態が考えられる．

とくに，小学校で総合学習等の授業として調査を行う場合には，安全性の面からも，経験を有する複数の支援者と共に調査を実施することが望ましい．また，行政機関の有する流域情報を利用することで充実した調査を行うことができる．行政機関から調査の協力が得られる場合には，事前に調査の趣旨を説明しておくことも必要である．また，河川管理者等を通じて地域の水環境に詳しい専門家に協力を依頼することもできる．調査をより充実させるために積極的に地域における連携，協働を進めることが大切である．

(4)　安全管理

現地調査を安全に行うためには種々の留意すべき事項がある．経験者の指導を仰ぎ，十分な情報を収集し（例えば，河川管理者や関連団体のホームページ等[5]で調べる），万全を期する必要がある．また，調査を行う際には，必要に応じて参加者が保険に加入しておくことが重要である．安全に関しては，調査マニュアルの末尾に詳細が記載されているので参照するとよい．

4.4　調査結果のとりまとめ[6]

4.4.1　水環境の現状を知る

調査データの原票となる「観察ノート」は全員の分を保管しておく．「観察ノートのまとめ表」は観察ノートに記された結果を集計，集約してとりまとめ，参加者にフィードバックする．各軸の合計得点を示すレーダーチャート図（**図-4.8**）を作成してみる．ここまでの作業で一区切りであるが，水環境の現状をより詳しく知るための方法について以下に述べる．

まず，各軸の得点の内訳を調べるために各軸のレーダーチャート図を作成

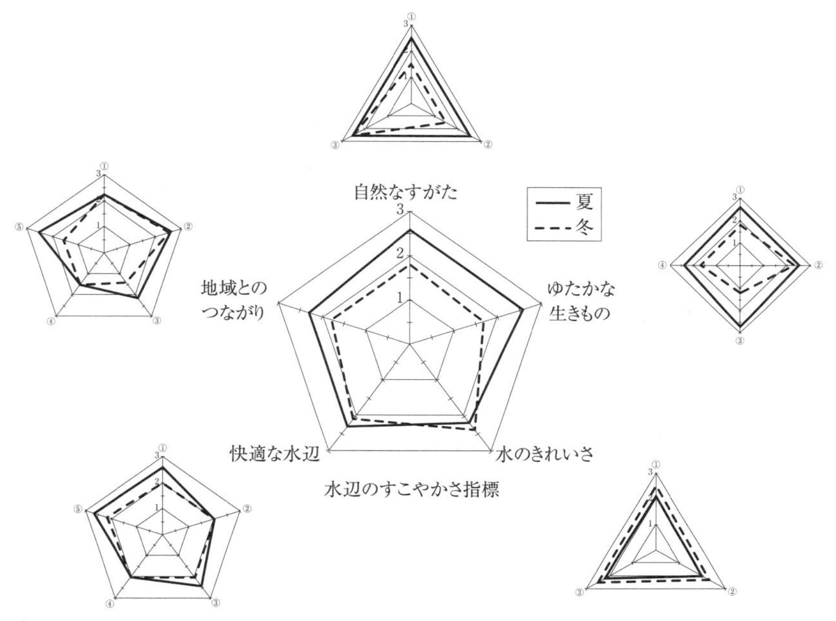

注）　軸と個別指標の名称は**図-4.2**を参照．実線は夏，破線は冬のイメージ．

図-4.8　調査結果のまとめの例（レーダーチャート図）

する．1軸～3軸の図は正5角形とはならないので，作図に当たっては表示を各自で工夫してみる．作図が難しいと思われる場合には，棒グラフ等の簡単な図で表示すればよい．さらに，複数の調査者の調査票に記入された「決めた理由（わけ）」を整理しておくとよい．河川の複数の地点で調査した結果を1つの地図にまとめると，川全体（流域）の様子がよくわかる．また，過去の調査記録を併記することで水環境の変化を知ることができる．現地で撮影した写真，現場のイラスト等いろいろな情報をまとめて，地域の特徴を整理してみる．一級河川等では，行政機関（河川部局や環境部局）が環境調査を行っている．例えば，河川水辺の国勢調査（国土交通省）[7]や自然環境保全基礎調査－緑の国勢調査－（環境省）[8]等がある．自治体でも水環境についての調査を行っている場合があり，調査結果をとりまとめる時にはそれらが参考になる．

4.4.2　川の特徴を分析する

各軸の点数に影響している要因（個別指標）は何かを調べてみる．レーダーチャートを見て，各軸の中で全体の得点を高めている個別指標や低くしている指標があるかもしれない（**図 -4.9**）．それらに注目して理由を考えてみる．その際には，調査票の理由欄に記述した具体的な記事が大いに参考になる．

例えば，次のような水環境の良いところや気になるところが浮かび上がってくるかもしれない．

① 川岸に意外と自然が多く残っている（岸のようす）
② 川面を流れる風のかおりが心地よい（川のかおり）
③ 岸辺にしゃがむと流水の音が心地よい（川の音）
④ 水の中をよく見ると小さいけれどゴミがある（ゴミ）
⑤ 朝夕，散策等に多くの人が利用している（日常的な利用）
⑥ 地域との係わりを知る記念碑があった（歴史と文化）

等．

さらに，なぜ良いところが残っているのか考えてみる．良いところを残すために，今までどのような地域活動や行政施策が行われてきたのか調べることも重要である．そして，今後も水環境の良いところを継承していくにはどうしたらよいか考えてみる．

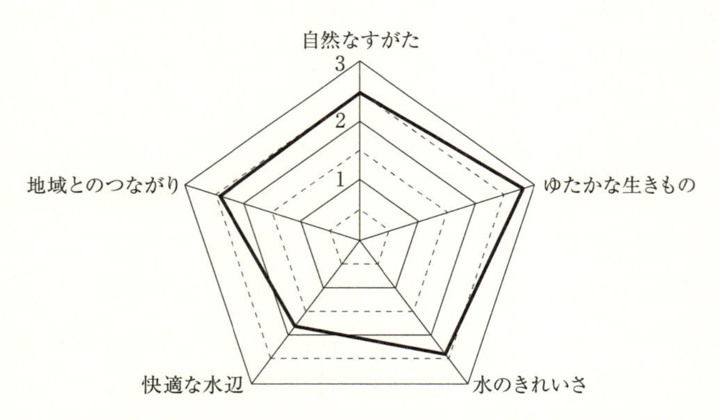

図 -4.9　「快適な水辺」軸の点数に影響している要因は何か

調査者が多人数の場合には，回答者の合計得点や個別指標の得点の分布を調べてみる．分布の形状から，平均値の意味を確認することも重要である．例えば，判断が分かれた時はその平均値にあまり意味がない（**図-4.10**の右図）．このような場合には，川の特徴について判断が分かれた理由について考察することが重要である．

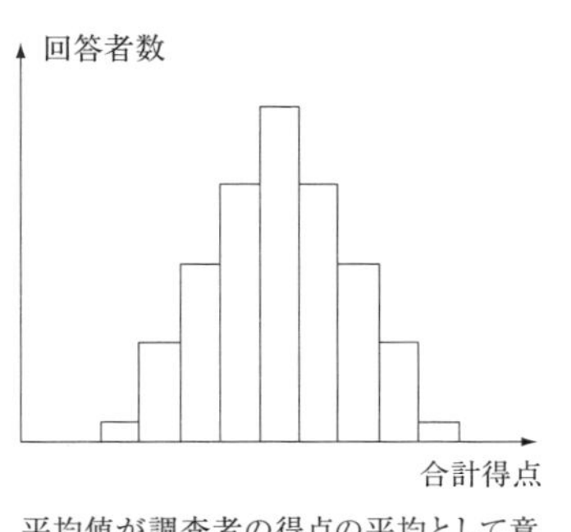

平均値が調査者の得点の平均として意味を持つ分布形である．

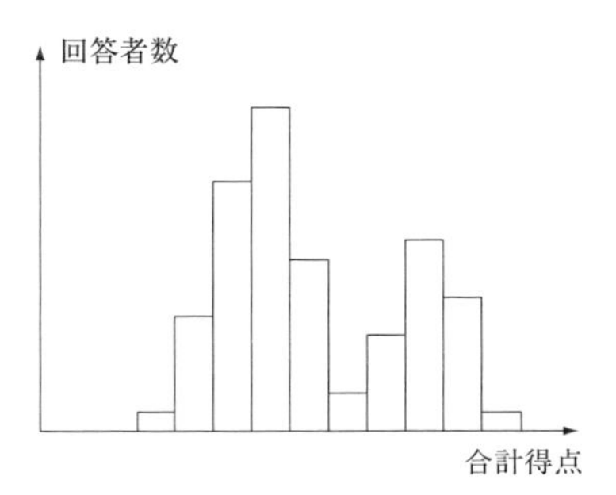

得点を平均化する前に回答結果が分かれた理由を確認する．

図-4.10 回答者の合計得点の分布を確認する

4.4.3 川の課題を見つける

川の良いところを議論した後に，今度は水環境の課題について話し合ってみる．調査結果を軸や個別指標ごとに整理して，得点の低くなっている軸や個別指標について，その理由を話し合う．この時も「観察ノート」の「決めた理由（わけ）」欄の記入事項を参考とする．さらに，上下流の川の様子（流域）について情報を得て，解釈の参考とする．例えば，**図-4.11**の写真からは，どのようなことが課題となるだろうか．

① 川の中に缶などのゴミが多い⇒住民啓発や川沿いのベンチへのごみ箱の設置が必要．当面，地域で清掃を行う．

② 生活排水が流れ込んで水にふれたくない⇒流域での浄化対策（下水道や浄水槽等の整備）に取り組む必要がある．

このような川の現状を行政や流域の住民に情報として伝えることも重要で

ある．この時，情報をどう伝えるかも課題となる．

図-4.11　ごみが多い川，汚れた川

コラム　水循環基本計画について

平成26(2014)年に成立した水循環基本法を受けて，平成27(2015)年7月，水循環基本計画[9]が閣議決定された．同計画では，公的機関，事業者，住民等が連携して地域の水循環を一体的に管理し，各主体の連携，協力のもとで，水循環について総合的で一体的なマネジメントを行うことが示されている．

ただし，人の活動（営み）と環境保全に果たす水の機能は，地域によって大きく異なるので，健全な水循環に関する目標は，現存する水環境指標や地域の実情を踏まえて，目的に応じて地域ごとに設定することとされている．

具体的には，流域ごとに流域水循環協議会を設けて，流域水循環計画を策定する．同協議会は，流域の水循環に関する情報を共有し地域住民の意見が反映されるよう，シンポジウムの開催等の地域住民が参画できる様々な措置を講ずる．

このような水循環に関する施策を総合的で計画的に推進するために，健全な水循環に資する教育の推進と民間団体の自発的な活動を促進することを指摘している．学校教育での推進，水インフラ管理者との連携による教育推進，および現場，体験を通じての教育推進である．さらに，健全な水循環についての市民の理解と関心を深めるために，民間団体等による水環境調査や普及啓発等の協働活動を推進することが謳われている．本章で述べた「水辺のすこやかさ指標」がまさに必要とされていると言えよう．

4.4.4 過去の調査結果との比較

データを蓄積することによって，川の状態が季節や年ごとにどのように変化してきているかを知ることができる．この時，周辺の川の情報も併せて比較してみると，流域全体の状況も知ることができる（**図 -4.12**）．

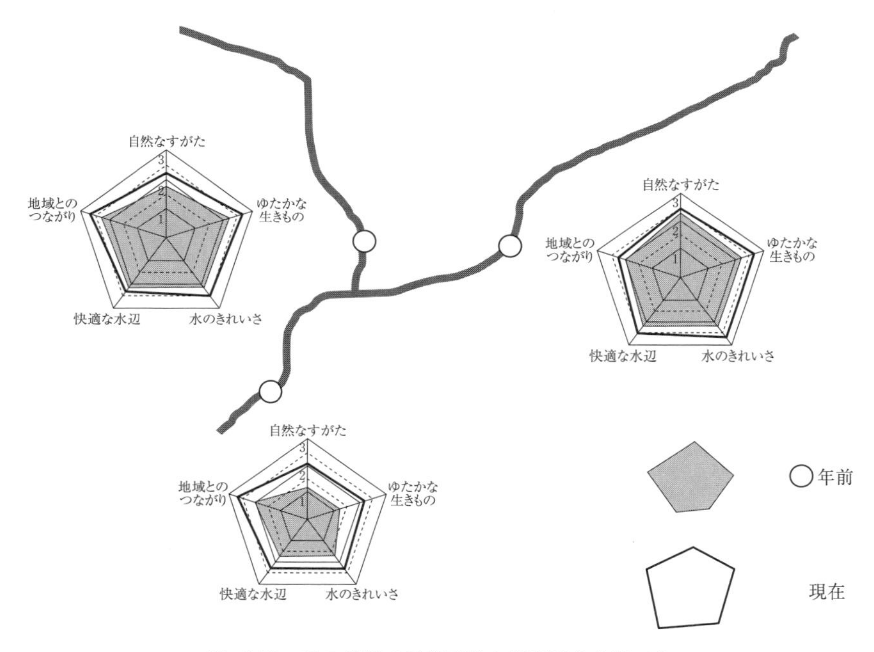

図 -4.12 川の状態の季節変化や経年変化を調べる

さらに，同じ調査対象に対して過去に行ったと同じ質問を繰り返し行い分析する方法もある（パネル調査と言う）．例えば，小学 4 年生の時に調査を行い，同じメンバーが 5 年生になった時に同じ質問を再び行い，その結果を比較するなどである[10]．

コラム　調査の後の感想文のまとめ方

小学校では水辺のすこやかさ指標の現地調査が終了した後に教室に戻り感想文を書いてもらうことがある．この時，全員の文章を整理するのは大変な作業である．そこで，文章の内容を整理する際に活用をお勧めしたい方法がテキストマイニング手法である．分析のためのツールとして公表されているものもあり，これらを活用することも有効である．例えば，KHcoderというフリーのソフトを使用すると**図-4.13**に示すよう文章中の言葉の共起関係を図示することができる[11]．図では頻度の高い言葉が大きな円で描かれ，連結された線の太さは共起の度合いを示している．

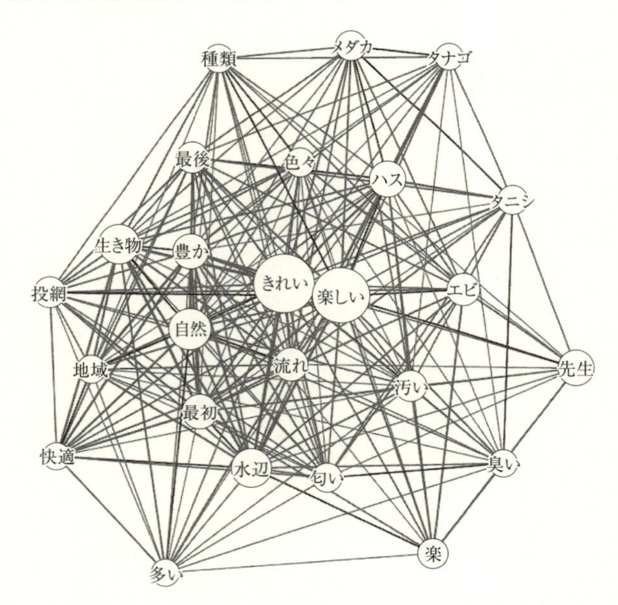

図-4.13　テキストマイニング手法による解析イメージ（共起ネットワーク）．小学校4年生の水環境健全性指標調査後の感想文を解析[12]

参考文献

4.1

[1]　環境省水・大気環境局水環境課：水辺のすこやかさ指標（みずしるべ）「みんなで川へ行ってみよう！」HP，2009. http://www.env.go.jp/water/wsi/download1.html,

2016.9 時点.
[2]　日本水環境学会：水環境の総合指標研究委員会 HP，2013. https:/ www.jswe.or.jp/publications/jutaku/wsi/index.html，2016.9 時点.

4.2

[3]　古米弘明，清水康生，石井誠治，風間真理，風間ふたば：水環境に関する総合指標の展開と今後，水環境の総合指標研究委員会，水環境学会誌，第 36 巻，第 12 号，pp.439-445，2013.

4.3

[4]　環境省水・大気環境局水環境課：水辺のすこやかさ指標（みずしるべ）～水環境健全性指標（2009 年版）～「指導者用テキスト」HP，2011. http://www.env.go.jp/water/wsi/download2.html，2016.9 時点.
[5]　（財）河川環境管理財団：「水辺の安全ハンドブック　川を知る．川を楽しむ」HP，http://www.kasen.or.jp/mizube/tabid129.html，2016.9 時点.
[6]　環境省水・大気環境局水環境課，水辺のすこやかさ指標（みずしるべ）～水環境健全性指標（2009 年版）～「活用ガイドライン」HP，2011. http://www.env.go.jp/water/wsi/download3.html，2016.9 月時点.

4.4

[7]　国土交通省：河川環境データベース（河川水辺の国勢調査）HP，http://mizukoku.nilim.go.jp/ksnkankyo/，2016.9 時点.
[8]　環境省：生物多様性センター（緑の国勢調査）HP，http://www.biodic.go.jp/kiso/fnd_f.html，2016.9 時点.
[9]　水循環基本計画（平成 27 年 7 月 10 日閣議決定），2015. http://www.kantei.go.jp/jp/singi/mizu_junkan/kihon_keikaku.html，2016.9 時点.
[10]　清水康生，原口公子：水環境健全性指標の小学校教育への適用による学習効果について，水環境学会誌，2016.（投稿中）
[11]　樋口耕一：社会調査のための計量テキスト分析－内容分析の継承と発展を目指して，ナカニシヤ出版，2014.
[12]　清水康生，原口公子：水環境健全性指標の学校教育への活用に関する事例研究―遠賀川水系笹尾川を例として―，日本水環境学会，第 17 回日本水環境学会シンポジウム，講演集，pp.63-64，2014.

第5章　教育・啓発活動における活用

5.1　行政と住民の協働

5.1.1　富山県が普及啓発し，推進する健全性指標調査[1, 2]

平成25(2013)年2月に制定された「とやま21世紀水ビジョン」の“水環境学習の推進”の中に，水辺のすこやかさ指標が位置付けられている[1]．また，県のHPでは「とやま名水ナビ～人がつなげる水環境」というタイトルで水環境保全の活動について様々な内容を情報発信しているが，その中に「ニュース」や「知ろう！」内の“川のすこやかさを知ろう”(**図-5.1**)というコーナーがあり，すこやかさ指標の調査実施状況やその結果を詳しく紹介している[2]．

ここでは，指標の内容説明だけでなく，県下の調査地点を地図上に表示し，小学生等によって調査された各調査結果を図表や写真を交えてわかりやすく示している．

さらに，“みんなも川のすこやかさを調べてみませんか？”と題し，5つのものさし(指標)を詳しく説明し，HPから観察ノートのダウンロードができるようにしている．そして，調査を実施した後，記録した観察ノートを県の環境保全課へ報告することによって，調査結果が名水ナビに掲載される旨が記されている．

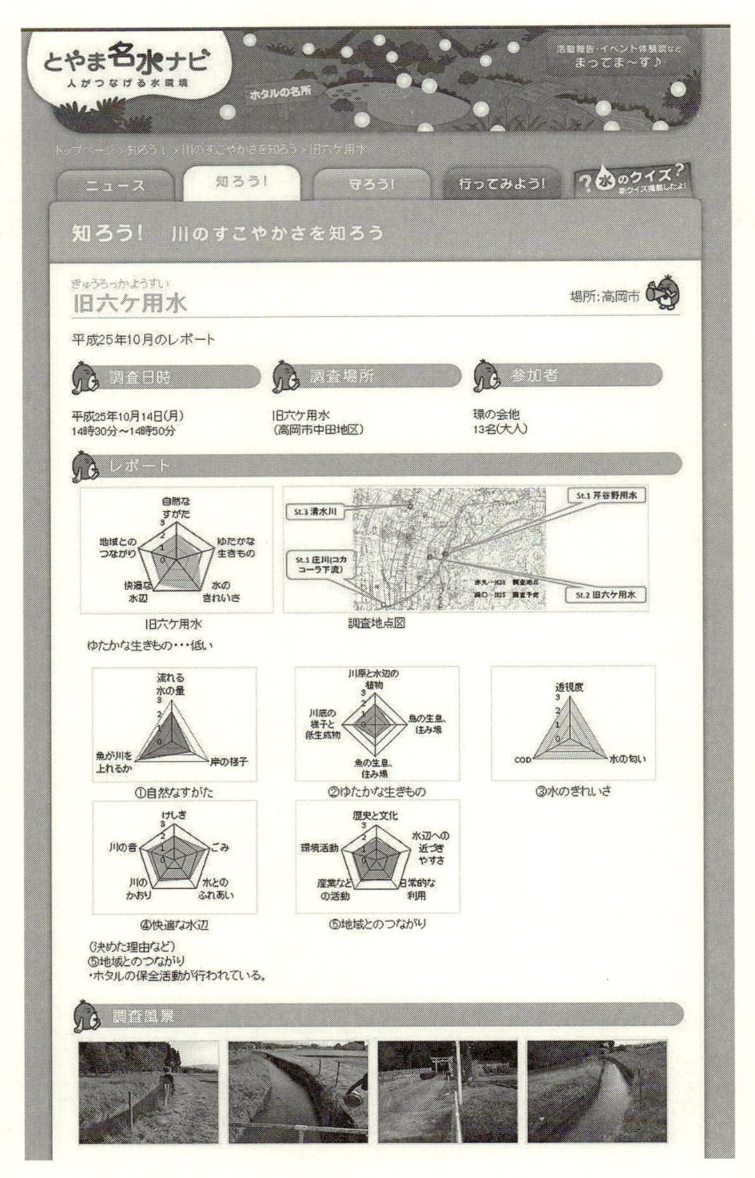

図 -5.1　とやま名水ナビ「川のすこやかさを知ろう」HP［2］

このように富山県では，健全性指標を活用して県の環境保全活動を積極的に推進している．行政と住民の双方向のやりとりを通じて，環境保全に対する県民意識が相乗的に高まる仕組みとして期待される．

5.1.2　福井県の事業として行う健全性指標の調査[3, 4]

環境教育については，平成24(2012)年より改正『環境教育等による環境保全の取組の促進に関する法律』(文部科学省)[3]が施行されている．同法では，新たに「学校教育における環境教育の充実」，「自然体験等の機会の場の提供の仕組み」および「環境行政への民間団体の参加及び協働取組の推進」等を謳っている．

このような背景から，学校では様々な試みが模索されているが，福井県環境政策課では水辺のすこやかさ指標を使った「せせらぎ定点観測事業」(**図-5.2**)を実施している[4]．同事業は，県内の小学生に身近な自然環境，特に河川に対する関心を高めてもらい，地域の自然環境の保全を目指そうとするものである．

対象は県内の8河川(九頭竜川の奥越地区，南川の若狭地区，竹田川の坂井地区，日野川の鯖丹地区，足羽川の福井地区，田倉川・赤谷川の南越地区，はす川の二州地区，間戸川の福井地区)である．調査は，1箇所当たり小学生20名程度が専門家3名の指導の下で行い，さらに，協力団体として地元の4つの民間団体が調査の補助を行っている．また，調査に当たり安全対策には十分配慮して実施することとしている．

これら水辺のすこやかさ指標を使った調査は，夏休みを利用して実施され，子供たちの自由研究として取り組むことが提案されている．行政が推進する，すこやかさ指標を利用した環境教育の手法として有効である．

わたしたちの生活は、自然と密接な関係をもっていて、きってもきれない関係です。
みなさんは普段から身近な自然について考えたことはありますか？。わたしたちと自然の関係を知るために
まずは身近な「川」の環境から「５つの指標」をつかって８つの地区で調べました。

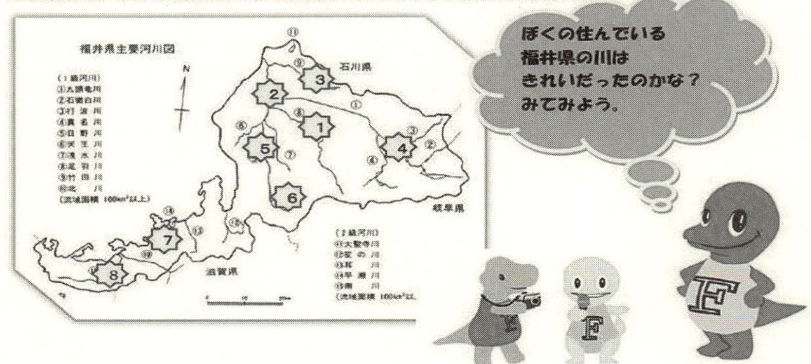

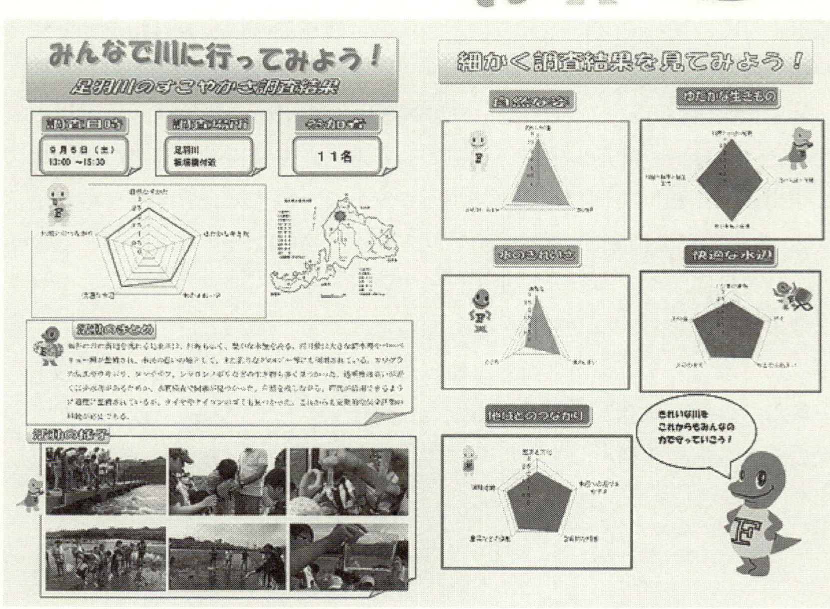

図 -5.2　福井県「せせらぎ定点観測」への活用（福井県 HP[4]）

5.1.3　八王子市の簡易版の開発と小学校での取組み，市民団体による調査結果の公表[5, 6]

八王子市では，平成22(2010)年に策定された八王子市水循環計画において，健全な水循環系再生を目指し，水辺に関心を持つ人づくり・地域づくりを目的として，水辺のすこやかさ指標“みずしるべ”の活用が掲げられ，調査項目を絞り，道具を使わない調査法とした八王子版が開発された[5].

八王子版の特長は，項目を絞ることで調査しやすく，欲張った内容にしないようにし，道具がないことを理由にやらないことにならぬように，8つの問いかけ方式として，ノートと鉛筆のみでできるようにした点にある（**図-5.3**).

あなたも身近な川を調べてみよう！

① 水の様子
② 岸の様子
③ 水は透明ですか
④ 水のにおいは
⑤ 川やまわりの景色は美しいですか
⑥ ゴミがありますか
⑦ 水遊びをしたくなりますか
⑧ 水辺に近づけますか

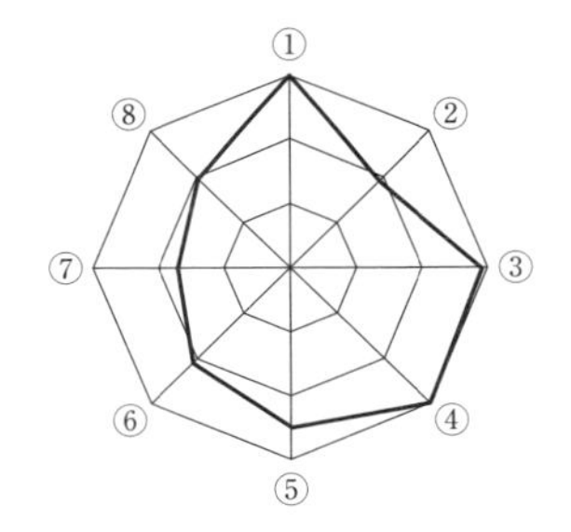

図-5.3　八王子版の8つの問いかけ方式とデータチャート（[5]より改変）

市では，作成した簡易版指標を市民団体に見てもらい，意見を求めた．さらに市は自ら指標調査を実施し，使い勝手を調べ，小学生向け環境教育教材に応用した簡易版「川と友だちになるノート」を作成し[6]，市内の小学校に冊子を配布している．

また，市民団体「八王子市に清流を取り戻す市民の会」による市内河川の調査結果は，冊子「八王子の水辺～八王子 河川16 川のまち」にて公開された（**図-5.4**)．ここで，その中に掲載されている八王子市に清流を取り戻す市民の会の言葉を紹介する．

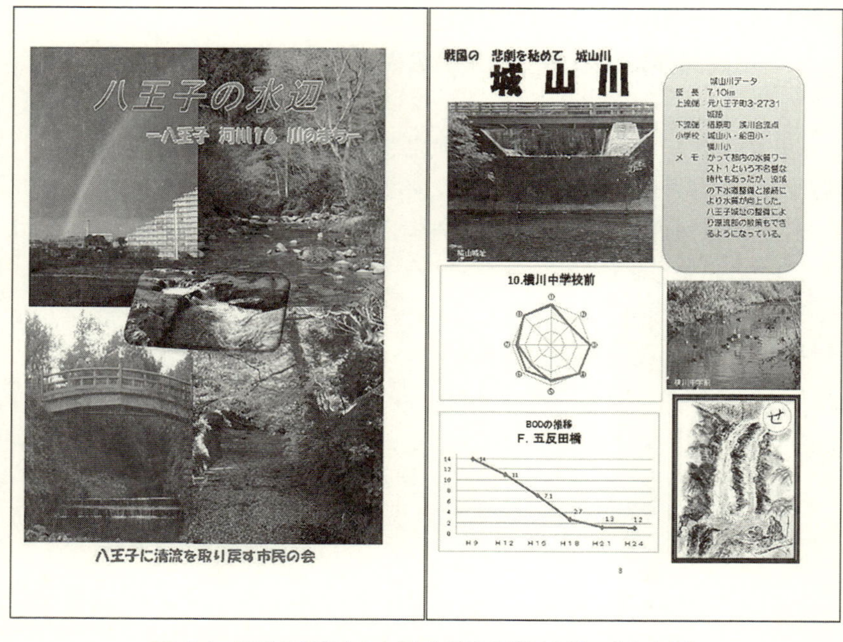

図 -5.4　冊子「八王子の水辺 八王子 河川 16 川のまち」[5]

「指標はあくまで清流の会の会員が調査時点で感じたものをまとめたものであり，この指標が絶対的なものではありません．みなさんの身近な川でみなさん自身が調査をしていただき，自分自身で評価していただくことが一番です．清流を取り戻しつつある八王子の河川は客観的データではなく，主観的な判断で川を見ていく時代になっています」

八王子に清流を取り戻す市民の会は平成 26(2014) 年 3 月 31 日に発展的に解散したが，今後は市全体で引き続き活動に取り組んでいくとのことである．

5.1.4　群馬県版水環境健全性指標，子供版の開発 [7〜11]

(1)　水環境健全性指標が利用される契機

県下の河川には水質環境基準が定められ，その達成状況は県環境保全課がモニターしている．この環境基準が達成されると，類型指定が見直しされより厳しい基準値が目標となる．群馬県版水環境健全性指標の開発は，この類型指定の見直しに関する調査が県の衛生環境研究所に依頼されたことが契機となっている．山間部の河川水質が改善されたため，類型を見直すことが可能かどうかの調査検討の依頼である．この過程で，地域住民に水質が改善されたことを身近に捉えてもらうための効果的な方法として，健全性指標の利用という発想に結び付いたのである．

(2)　通常版の水環境健全性指標と子供版

その後，群馬県では住民が河川に親しむことを目的として，県衛生環境研究所を中心に健全性指標の活用が進められた．指標の試行調査を重ね，一部難しい内容については設問内容等の改良を行い，平成 22(2010) 年に「群馬県版水環境健全性指標」を公表した．さらに，小学校低学年の児童でも河川調査ができるように内容をわかりやすく表記し，平成 23(2011) 年からは「群馬県版水環境健全性指標 (子供版)」を公表している[7]．

群馬県版の特色は，個別指標の言葉がわかりやすくなっていること，「自然なすがた」軸で個別指標として「排水の流入」と「川の流れ」が加えられ，「水のきれいさ」軸では，「溶存酸素」と「水の見た目」が加えられていること，さらに，「快適な水辺」軸では軸名称が「水辺環境」とされ，「水との触れ合い (触覚)」が「周囲の安全」と変更されている．この「周囲の安全」では，水辺に崩れそうな危険な所がないかを判断している．

また，群馬県版の個別指標は，評価が 5 段階となっている．このように地域の特性を踏まえて様々な工夫がなされた指標 (通常版) は，群馬県衛生環境研究所の HP で公表されている．さらに，子供版については，内容は通常版と同様であるが，わかりやすい言葉で表現され漢字には振り仮名が付けられている (**図 -5.5**)．

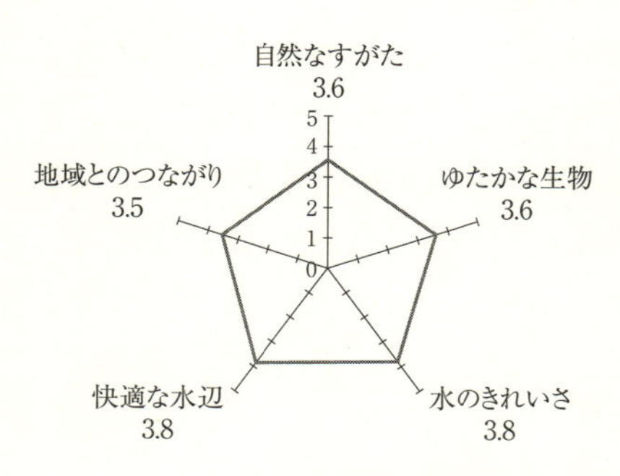

図 -5.5　群馬県版指標の表示例と調査風景（群馬県 HP[7]）

(3)　水環境健全性指標の適用

県では，神流川を対象として群馬県版健全性指標による調査を行い，水質調査と生物調査に基づく環境評価と整合性のある結果を得ることができたことを確認したうえで，同指標の流域への適応を進めている．また，同指標を使った調査で，河川を熟知している地域住民が調査を行った場合と，地域住民でない外部者が同じ河川を調査すると，第5軸の「地域とのつながり」の調査結果に差が生じることを指摘し，そのことから地域の課題を発見し，地域の活性に役立てることを提案している．

5.1.5　千葉県の水環境健全性指標の簡単化[12〜14]

千葉県環境研究センターでは，河川環境を調査する河川総合指標[12,13]として「水辺のすこやかさ指標」を参考として，「みんなで川を見てみよう（千葉県版水環境指標）」を開発している[14]．作成のコンセプトは，河川の自然なすがたや生き物の生息状況，水辺の利用状況等から「ひとにとってやすらぎのある水環境」を表現する指標とすることであった．

この事例では，評価軸を「自然な姿」，「豊かな生物」，「快適な水辺」および「水のきれいさ」の4つとし，評価項目も2〜4つに絞り内容も簡単化した点が特色である．開発した指標は，指標に関する予備知識が必要なくとも理解でき，現場での煩雑操作のない項目に特化している（**図 -5.6**）．

Ⅰ 自然な姿	①川の周りの様子　②土手の様子 ③川の様子
Ⅱ 豊かな生物	④水ぎわの植物　⑤鳥類　⑥魚類
Ⅲ 快適な水辺	⑦ごみの有無　⑧薫り　⑨音 ⑩親しみやすさ，利用状況
Ⅳ 水のきれいさ	⑪濁りの状況　⑫川の色

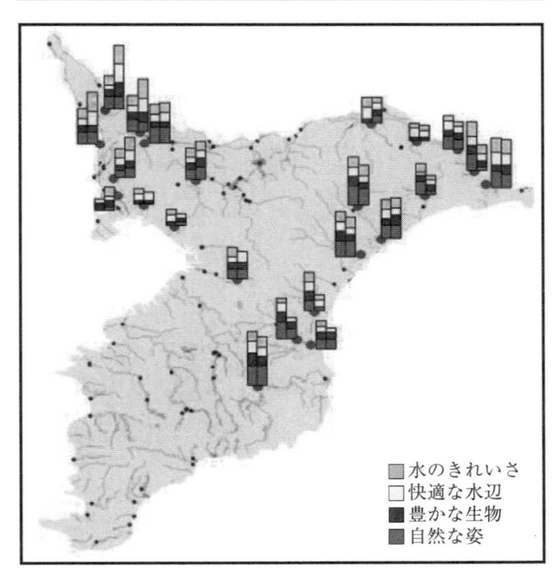

図-5.6　千葉県版指標による調査の結果[12]

5.1.6　タイへの水環境健全性指標の移植[15～17]

公益社団法人日本水環境学会の会員を中心とした参加型環境教育研究会により，北タイの地域住民が用いることを目的として，水環境健全性指標のタイへの移植が試みられた．この活動は，平成19(2007)年より開始されたタイのチェンマイ大学との共同研究で行われた．**表-5.1**にタイ版健全性指標を示す．原表はタイ語で記述されている．最初に日本語の健全性指標が英訳され，それを基礎にした共同作業の結果，評価軸・個別指標項目が地域の実情に即して変更された．タイ側の研究分野である生物項目が重視された内容になっており，「水の色」の項目では，雨期に表土流出が著しい熱帯・亜熱帯地域の河川の状況

(**図-5.7**) を反映した指標区分が採用された.

このように，高価な機器を用いず目視による判断や感覚評価を中心に水環境を評価する手法は，東南アジア等途上国の地域住民に適した環境調査法と言える．しかし，手法の移植には現地への適合性を十分考慮することが重要である.

表-5.1　タイ版健全性指標 ([17] より作表)

No.	個別指標	判定基準
1.「水生生物」指標		
1	昆虫	種類非常に多い～個体数多いが種類少ない
2	水草	
3	魚	
4	植物	
2.「川の物理的性質」指標		
1	流速	10 m/s 以上～1 m/s 未満
2	水深	2 m 以上～0.5 m 未満
3	透明度	2 m 以上～0.1 m 未満
4	水温	15-20 ℃～30 ℃ 以上
5	濁度	0-1～6 以上
3.「川の化学的性質」指標		
1	pH	7～4 以下または 10 以上
2	DO	8 mg/L 以上～2 mg/L 以下
3	BOD	1 mg/L 以上～10 mg/L 以下

No.	個別指標	判定基準
4.「水辺の様子」指標		
1	水の状態	よく掃除されている～触りたくない
2	ゴミ	なし～いっぱい
3	住民の活動	主体的活動あり～活動を好まない
4	臭い	なし～くさい臭い
5	水の色	透明～淡緑色～薄茶色～濃緑・濃茶色～黒
5.「水辺生態系の特徴」指標		
1	水辺使用度	樹が茂り人の痕跡なし～住民使用・農地化
2	樹木の繁茂状態	樹木が繁茂～土手が地すべり
3	河畔林の状態	80 % 以上灌木で覆われる～樹木なし
4	礫の状態	きれいで整っている～尖り沈殿物で覆われている
5	落ち葉・枯れ葉の状態	腐っていない～腐った状態

図-5.7　雨期の北タイ河川

5.2　住民・NPO 等による活用

5.2.1　ダム建設を考える市民運動から生まれた河川環境調査 ―兵庫県武庫川水系での事例[18, 19]―

(1)　環境調査に至る市民運動

丹波山地を源とし兵庫県南東部を流れ大阪湾に流入する武庫川は，本川流路長 66 km，流域圏面積 580 km^2（下流部想定氾濫域約 80 km^2 を含む）の二級河川である．氾濫域を含む流域圏には兵庫県 7 市［篠山市（一部），三田市，神戸市（一部），宝塚市，伊丹市，西宮市，尼崎市］および大阪府能勢町（一部）の計約 140 万人が暮らし，下流部想定氾濫域人口約 110 万人，社会資本約 18 兆円は，一級河川を含む全国河川の 10 位に位置する．

武庫川では，「総合治水」の一環として中流部武庫川渓谷に県営治水ダムが昭和 54（1979）年頃より計画された（当初は多目的ダム）．しかし，市民による反対運動が起ったため，改正『河川法』［平成 9（1997）年］に基づき，市民の意見を反映させる武庫川流域委員会が県によって平成 16（2004）年度に設置され，専門家，市民，行政の間で 6 年半にわたり議論が行われた．その中で，ダムに頼らない総合治水の方向性が「提言書」［平成 18（2006）年］としてまとめられ，県もこれを尊重する方向へと方針を転換したことにより，ダム建設計画は白紙に戻った．

この過程で，流域市民が連携して武庫川の総合治水を的確に推進させるために，市民，専門家により「武庫川づくりと流域連携を進める会（武庫流会）」［平成 19（2007）年］が結成され，さらに，運動における科学的視点をより明確にした「武庫川市民学会」［平成 24（2012）年］が設立された[18]．これらの環境 NGO により，武庫川水系では，平成 20（2008）年から春・秋期水質一斉調査（初年は春期のみ），平成 23（2011）年から水環境健全性指標による河川環境評価調査が実施されている．

(2)　武庫川版の水環境健全性指標による河川環境調査

武庫川で用いられている指標は，水環境健全性指標が改変されたもので，独自の個別指標項目や試行調査版・水環境健全性指標の5段階評価が採用された．その後，個別指標項目に一部変更があり，第1軸（自然なすがた）に「自然流量の状況はどうか」，第2軸（豊かな生物）に「生物のすみ場はどうか」，第3軸（水のきれいさ）に「水資源として利用できると思うか」の各項目が加えられている．

調査地点は本川13地点，支川16地点の計29地点で，環境評価調査は水質調査と同時に実施されている．調査結果の一例を**図-5.8**に示す（本川下流部の用水路入口地点＜六樋＞は支川図に示されている）．ここでは平成23(2011)年秋期から平成26(2014)年春期までの6回の平均評価結果が示されている．レーダーチャートの形状から，本川地点に比べ，とくに支川上流部地点は評価が高く，都市河川の支川では評価がかなり低い地点も存在するこ

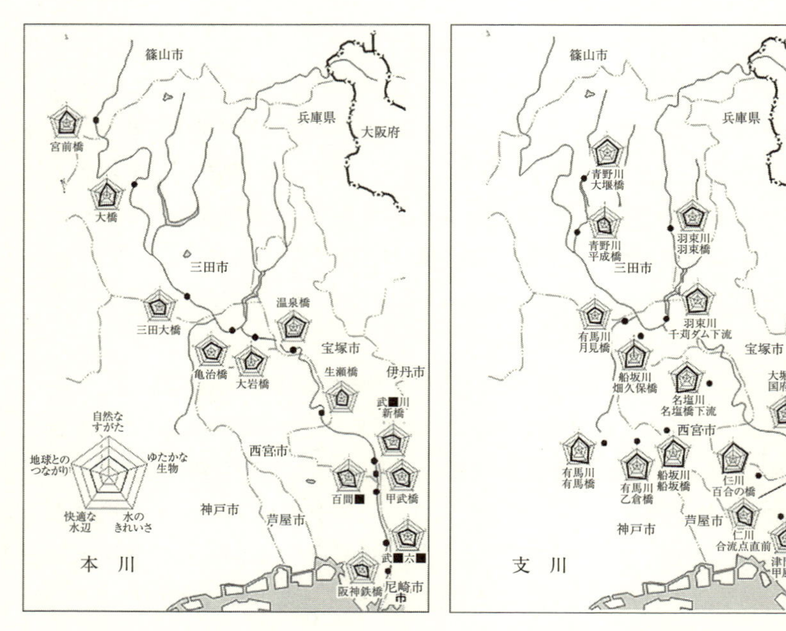

図-5.8　武庫川版健全性指標による武庫川本・支川地点の平均評価結果[19]

とがわかる.

武庫川調査では，健全性指標によるレーダーチャート評価結果を総合数値化する試みも行われている．レーダーチャートによる評価は形状の違いを直感的に比較するのには適しているが，概略の比較の域を超えることは難しい．そのため，五角形のレーダーチャートの標準化面積（全軸の評価結果が3の場合の五角形の面積で除した相対値）による比較法が導入されている．この面積を用いた方法では，各軸評価点の合計が同じ場合でも地点間の差異を検出できることが，モデル地点による検討から明らかになっている[19].

この方法で算出された総合評価値の本・支川別頻度分布（**図 -5.9**）は，支川（主に上流部）に評価の高い地点が含まれることを明瞭に示している．武庫川調査ではこのような新しい試みもなされている.

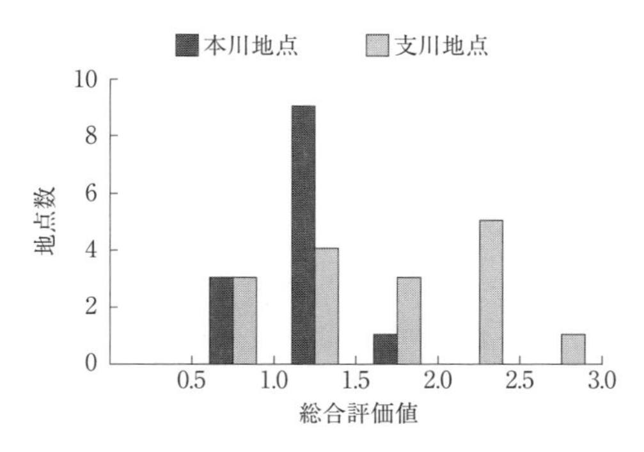

図 -5.9　総合評価値の武庫川本・支川別頻度分布[19]

5.2.2　市民環境団体による水環境健全性指標の調査[20〜22]

横須賀「水と環境」研究会は，研究会のメンバーが中心となって三浦半島の水環境を幅広く調査している．活動のひとつである小中学生を対象とした土曜体験プログラム「すかっ子セミナー」では，活動の一つとして準用河川である前田川を対象として水辺のすこやかさ指標を使った調査を行っている.

調査は，同河川の上流，中流，下流の3箇所で実施している．その現場では，研究会独自の水質調査項目を測定，分析すると共に，春と夏にはすこやかさ指標の調査も行っている（**図 -5.10**）.

図 -5.10　前田川での子供たちとの調査風景

図 -5.11　調査現場と結果のとりまとめ風景

この調査では，参加者は個別指標のデータを分担して観測，測定している．子供たちは川遊びを楽しみながら調査にも参加している．さらに，水辺を辿るだけでなく前田川の周辺の史跡，寺院を巡り，住民の生活や地域の歴史を子供たちに教えている．それらは，すこやかさ指標の第５軸の調査内容とも密接に関連している内容である．この調査は，参加者が川を通して地域の歴史を知ることができる貴重な場となっている．

水辺のすこやかさ指標の調査結果は，参加者により集計されて研究会の発行誌『横須賀「水と環境」研究会だより』[20] に掲載される．この結果は，横須賀市の環境政策部環境企画課のHP上で公開されることもある[21]．さらに，同研究会が行った水環境に関する調査結果は[22]，行政の環境部門が市内の環境問題を検討する際の基礎資料とすることもある(**図-5.11**)．

コラム　測定データのWEB表示

環境情報は地図上に表示することで，他との比較が容易になり，自身の調査地点の特徴を理解しやすくなる．

一例として，Yamanashiみずネットの WEB(**図-5.12**)を示す．これは市民参加によって行われている簡易水質検査キットによる測定の結果である．図では色分けされたCOD濃度の分布を示しているが，地図上の調査地点のマークをクリックすると，COD，N，Pの測定項目がレーダーチャートとして表示される．過去の調査結果と比較することで，水質の変動も理解できる．

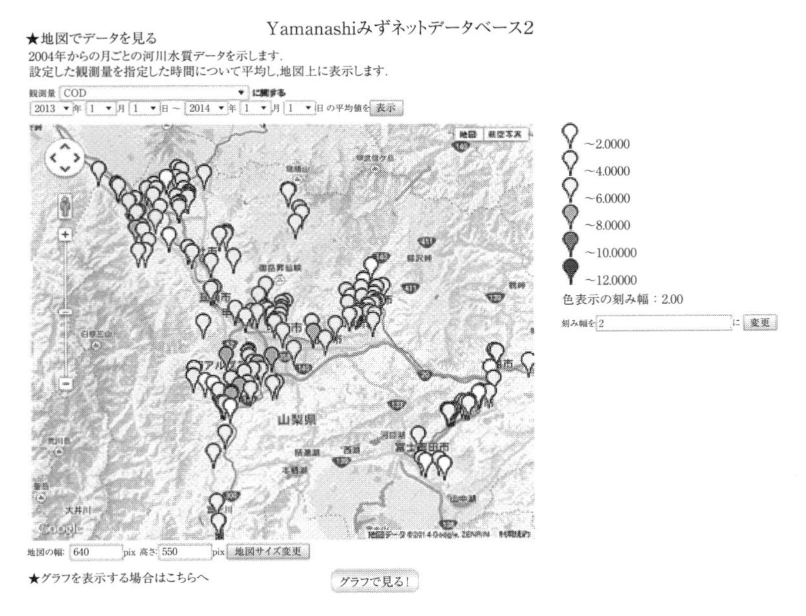

図-5.12　Yamanashiみずネットデータベース

［http://www.ymizunet.org/mizuNet/modules/mizuDB2/info_mizudb2.php (2016.9時点) より一部抜粋］

5.2.3　その他の団体による水環境健全性指標の普及

水環境健全性指標は2009年版が公表されてから，様々な団体により普及，啓発が進められている．公益社団法人日本水環境学会もその一つであり，普及・啓発活動に取り組んでいる（**図-5.13**）．同学会は全国に支部を持つが，ここでは東北支部がセミナーとして平成26(2014)年12月に開催した『「水辺のすこやかさ指標」による水環境の多様な評価』について紹介する．仙台市の宮城野区文化センター・シアターホールで開催されたセミナーは，以下のような2部構成で行われ，住民やNPO関係者等70名が参加した．

第1部　水辺のすこやかさ指標をめぐる最近の動向

第2部　東北地域のいくつかの実践事例の紹介

図-5.13　日本水環境学会（東北支部）の普及・啓発活動

第1部では，環境省の担当者が行政の取組みについて紹介し，次いで学会からは指標の深化と普及および全国の事例について紹介した．さらに，第2部では，東北地域の行政の研究機関や大学および工業高校等の5件の事例が紹介された．

以上のような地域での普及・啓発活動が広まることにより，水環境に対する住民の関心は大いに高まると思われる．

5.3　小学校における活用

5.3.1　学習指導要領における健全性指標の位置付け[23]

水辺のすこやかさ指標を使った調査は，学校での授業に活用することができる．例えば，小学校3年生以上から始まる総合学習の授業では，身近な水環境を調べることをテーマとして同指標を利用することが考えられる．**図-5.14** に示すような学習指導要領に記されている「探求の過程（課題の設定，情報の収集，整理・分析，まとめ・表現）」をすこやかさ指標の調査を通じて実践することができる．

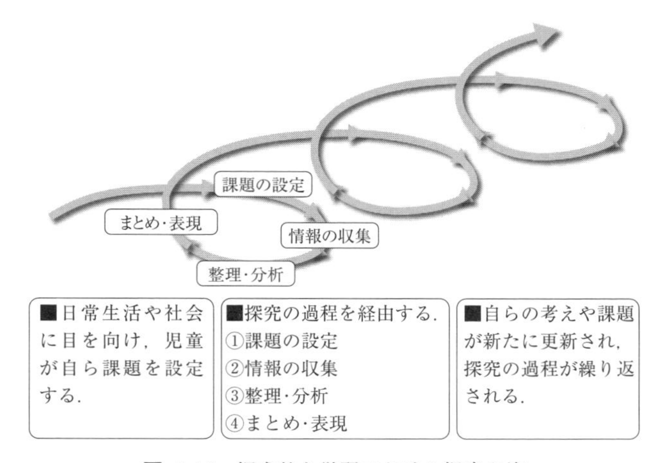

図-5.14　探求的な学習における児童の姿
［出典：小学校学習指導要領解説・総合的な学習の時間編，文部科学省（平成20年8月）］

また，理科の授業でも使用することができる．例えば，**表-5.2** に示す授業に対して水辺のすこやかさ指標の調査を適用することができ，クラブ活動（例えば，生物部等）の活動メニューとしても有効である．

さらに，第5軸の「地域とのつながり」では，川の歴史と文化や産業活動

表-5.2　学習指導要領での利用可能箇所

<table>
<tr><th rowspan="2">校種</th><th rowspan="2">学年</th><th colspan="3">生命</th><th colspan="2">地球</th></tr>
<tr><th>生物の多様性と共通性</th><th>生命の連続性</th><th>生物と環境のかかわり</th><th>地球の内部</th><th>地球の表面</th></tr>
<tr><td rowspan="4">小学校</td><td>第3学年</td><td></td><td></td><td>身近な自然の観察
・身の回りの生物の様子
・身の回りの生物と環境とのかかわり</td><td></td><td></td></tr>
<tr><td>第4学年</td><td colspan="2">季節と生物
・植物の成長と季節</td><td></td><td></td><td></td></tr>
<tr><td>第5学年</td><td></td><td>動物の誕生
・水中の小さな生物</td><td></td><td colspan="2">流水の働き
・流れる水の働き（浸食・運搬，堆積）
・川の上流・下流と川の石
・雨の降り方と増水</td></tr>
<tr><td>第6学年</td><td></td><td></td><td>生物と環境
・生物と水，空気とのかかわり</td><td></td><td></td></tr>
<tr><td rowspan="2">中学校</td><td>第1学年</td><td></td><td></td><td>生物の観察
・生物の観察</td><td></td><td></td></tr>
<tr><td>第3学年</td><td></td><td></td><td colspan="2">生物と環境
・自然界のつりあい
・自然環境の調査と環境保全（地球温暖化，外来種を含む）

自然の恵みと災害
・自然の恵みと災害</td><td></td></tr>
</table>

資料：文部科学省「小学校学習指導要領解説・理科」（平成20年8月）[23]の一部を抜粋して作成

等を調べるが，小学校３・４学年の社会科の学習内容である「地域の人々が受け継いできた文化財や年中行事」とも重なる内容である．

学校の授業で活用するに当たっては，先生方にも理解を深めていただく必要がある．このためには，職員研修，初任者研修の場等を通じて，水辺のすこやかさ指標を使った調査とその結果の活用方法についてあらかじめ知ってもらうことが大切である．

5.3.2　総合学習の授業での活用[24,25]

小学生を対象とした学習指導要領では，水環境について学ぶ内容が提示されているが，具体的にどのような形で授業を進めるかは，現場の学校(校長)の裁量に任されている．北九州市の香月小学校では，総合学習の授業として健全性指標を活用した一級河川・遠賀川水系笹尾川の調査を行っている．ここでは，調査をどのように企画して小学校の授業の一環として水辺のすこやかさ指標を活用しているか，その内容について紹介する．

(1)　調査の経緯

同校では，国土交通省の「水辺の楽校」事業［平成13(2001)年］として整備された笹尾川・芝谷橋地先において，すこやかさ指標を使った授業を実施している．対象とした地先は，川幅100m，水面幅10mほどの場所である．この笹尾川は，小学校等を通じて，子供たちだけで訪れて水遊びをすることが禁じられている河川である．このため，今回の調査では学校関係者だけでなく，河川管理者，水辺の楽校推進協議会等の関係者が協力して安全を確保し，調査を実施した．

(2)　調査の体制

授業として調査を行うには，新年度の始まる前に次年度の学習指導計画を立てる時に，概ねの計画内容を決めなければならない．対象となる小学4年生の全2学級の児童には，事前説明会を開き調査の趣旨説明がなされた．そして，この場で調査の支援者が紹介され，調査内容も説明された．これらを受けて，現場調査は関係者が**図-5.15**に示す役割分担で実施した．

調査体制は，実際に調査を行う小学4年生とそれを支える学校関係者（児童の引率をする教諭と全体を総括している校長），そして，各軸の調査の説明を個別に行う支援者から構成される．最も重要である調査の際の安全確保については，事前説明会と調査現場において指導を行っている．

現場では，2学級の小学生60人に対して，5つの軸に関しての説明がなさ

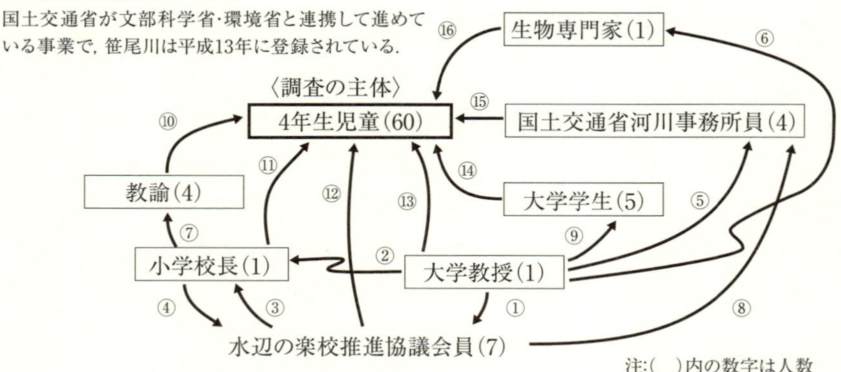

図 -5.15　地域の方々による調査の支援体制［24］

れ，そのうえで児童が判断をして得点を付す．この際，授業には時間の制限があるため時間遵守が必須である．このため，説明と判断（得点付け）を効率よく進める必要がある．この時間テーブルについては，次頁のコラムに示すように，効率的な調査が行われるように工夫されている．

(3)　小学校教育の授業での位置付け

河川調査は小学校の授業の中でどのように位置付けられているか，詳細は **5.3.1** に記したが，香月小学校では総合学習の一環として河川調査が行われている．

(4)　調査を通じて大切なこと

水辺のすこやかさ指標を使用した調査を学校の授業の中で実施するには，河川管理者の協力を含めて地域の様々な方の協力，連携が必要であり，大切である．その前提（信頼）があって学校の教諭も安心して児童を河川に連れて行くことができる．そのような連携をリードするコアとなる人物の存在が非常に重要である．本事例では，北九州市立大学の原口特任教授［24, 25］がその役割を果たしている．また，調査を支援する一般の方も自分たちの得意分野の事を子供たちに伝えることができ，やりがいを感じることができる．参加する児童には，学習内容の理解だけでなく授業を支援してくれている地域の方々のことも知ってもらいたい．

コラム 「学校での活用」について

小学校の授業という時間の制約が厳しい中で調査を行うには，あらかじめスケジュールを決めておかなくてはならない．例えば，調査を2学級60人で行う場合には6グループに分けて**図-5.16**のような時間配分が考えられる．

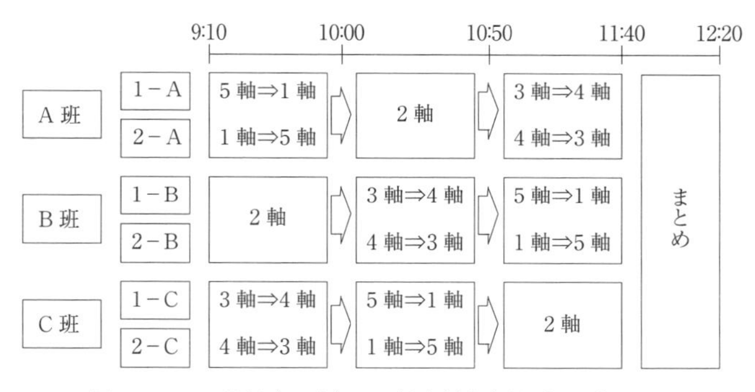

図-5.16 2学級（60人）での健全性指標調査の手順［24］

グループごとに各軸の調査を専門家の指導の下に行う．例えば，河川事務所の人には第1軸を，生物の専門家がいれば第2軸を，自治会等の地元の川の歴史に詳しい人には第5軸を担当してもらう．この時，第2軸だけは川の観察だけでなく，魚類や底生生物の採取，観察等を行うため時間がかかる．このため，2つのグループをまとめて専門家が指導することとなる．

5.3.3 茨城県霞ケ浦環境科学センター版「水辺のすこやかさ指標」［26, 27］

茨城県霞ケ浦環境科学センターでは，地域の状況に合わせて小学生向けの霞ケ浦環境科学センター版「水辺のすこやかさ指標」（小学生用）を開発し，地域の小学校と連携して実践を行っている［26］．この指標では調査活動における作業を少なくすると共に，調査内容も小学4年生にわかりやすいものに絞られている．小学校との連携においては，実際の河川あるいは学校教室内で事前学習が行われる．教室での事前学習では指標1「自然なすがた」，指標2「ゆたかな生きもの」，指標4「快適な水辺」は写真を見ながら調査をすすめ，指標3「水のきれいさ」については河川の水を使って透視度と簡易判定法でのCOD測定を実施している．

また，調査の中では指標5「地域とのつながり」で地域の方や市民団体と連携して，河川と地域の結び付きについて話をしていただくことを重要視している．また，調査地点としては河川の上流や中流，そして下流の少なくとも2〜3箇所について調査活動を行い比較している．

平成25(2013)年11月，笠間市立東小学校（平成27年度に笠間小学校に統合)4年生10名がセンターの職員と一緒に「水辺のすこやかさ指標」を使って環境学習を行っている．茨城県の中央部を流れる涸沼川を源流から上流，中流を経て涸沼へ，そして下流から河口までの4地点で調査活動を行っている（**図-5.17**)．その結果は,**図-5.18**に示すように子供たちによってとりまとめられた．

この他,同センターでは夏期の教職員研修でも水辺のすこやかさ指標の研修が実施されている．参加された教職員の方々からは，本指標の小学校での活用は，子供たちにとって自分たちの生活と環境との関係を実感でき，環境への関心を高めるのに有効である，などの感想が寄せられている[27]．

涸沼川源流域　笠間市内親水公園（上流）　大古山橋（上流）

サケの死骸（大古山橋）　南川又橋（中流）　親沢公園（涸沼）

漁協の方から話を聞く　大貫橋で釣れた魚を見せてもらう　河口

図 -5.17　2013 年 11 月の涸沼川調査時の様子（撮影：冨田俊幸氏）

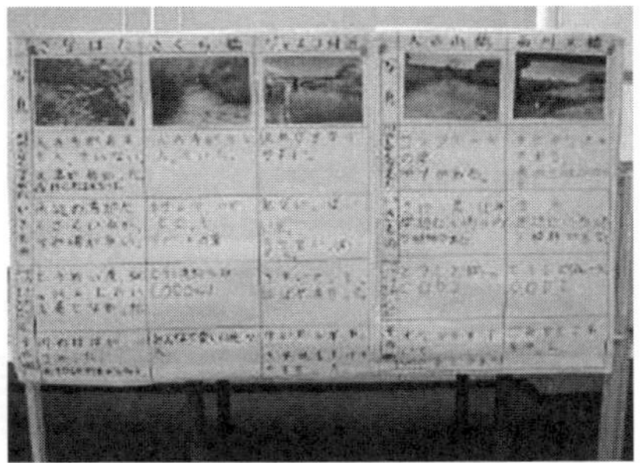

図 -5.18　調査結果のとりまとめ学習の様子（撮影：冨田俊幸氏）

5.4　健全性指標に関するその他の活用

5.4.1　流域・水系調査への活用とその効果[28～31]

これまでの事例以外にも水環境健全性指標を活用したいくつかの流域・水系調査がとりまとめられている．大分高専の大野川流域の調査では，地域NPOとの連携や以前から交流のあるシンガポール・ポリテクニク校との共同調査も行われている[28,29]．こうした異年齢，異文化の集団での調査により，水環境に関する多様な見方や価値観の学びが期待される．富山県の環の会[30]では，次世代へ自然の大切さを伝えるための記録として，小矢部川水系での調査結果を冊子にまとめており，その中の「参加者の声」にはメンバーの思いが綴られている．また，大嶋ら[31]は環境教育への活用を念頭に，厚木近郊5河川の指標による評価を実施している．その結果，この指標を有効に運用するためには経験，年齢，立場等を問わず，たくさんの人に同じ場所の調査へ参加してもらい，その多数意見または平均を評価の結果として認識することが重要であり，従前の専門家による水質等の学術調査を元にした評価とは根本的に異なる評価であるとしている．しかし，両者は対立するものではなく，この指標による調査が地域住民による河川周辺の管理へとつながる可能性を指摘している．

5.4.2　湖沼への適用の検討[32,33]

地域の水辺として湖沼についても検討例がある．水戸市内の大塚池において，神子ら[32]は試行版の健全性指標を改変し，湖沼浄化計画の一端として地元住民との調査を実施している．また，中島ら[33]は琵琶湖内湖の評価のための指標として適用することを検討しており，内湖の生物指標としての抽水植物等や水質指標としての窒素，リン等の追加等を行っている．

5.4.3　行政による様々な活用[34, 35]

吹田市では，操車場跡地のまちづくりの際に環境先進性評価の指針となる「東部拠点環境まちづくり計画(素案)」[平成21(2009)年3月]をまとめている．その中で「医療健康及び教育文化創生ゾーン」と「緑のふれあい交流ゾーン」の水辺空間の評価手法の参考として，公表前の試行段階の水環境健全性指標が紹介されている[34]．

また，福島県では平成25(2013)年3月公表の「福島県水環境保全計画」において，県民自らが水質調査や水質保全活動を実施する際の，水の汚れの状況を判断するための「身近な水質の目標」の「透視度」と「水のにおい」の数値設定根拠として水辺のすこやかさ指標が採用されている[35]．

コラム　全国で展開されている水環境総合指標とその活動

国内各地では，水環境健全性指標以外にも河川等の水環境を総合的に見る指標，調査が提案されている．

ここでは，その代表的事例を紹介する．以下に，展開されている地域と活動の主催(単独であるいは行政と連携している市民団体等)と概要，Website アドレスを記載する．詳細は各 site を参照してほしい．

- 仙台市－みやぎ生協　みやぎの水辺ものがたり　水辺の観察と水質測定，http://www.miyagi-mizube.com/
- 山形県－美しい山形・最上川フォーラム　身近な川や水辺の健康診断，http://www.mogamigawa.gr.jp/suisitu/
- 埼玉県－五感による河川環境指標～川の好感度チェック～，http://www.pref.saitama.lg.jp/a0505/gokan.html
- 愛知県－水循環再生指標の作成と流域モニタリング，http://www.pref.aichi.jp/kankyo/mizu-ka/jyunkan/04monitoring/3_1_gaiyo.html
- 島根県・宍道湖－五感をつかって水環境をチェックしよう，http://www.pref.shimane.lg.jp/infra/kankyo/kankyo/shinjiko_nakaumi/kosyou_kankyo_monita/
- 宮崎県－大淀川流域ネットワーク　五感を使った水辺環境指標調査，https://eco.pref.miyazaki.lg.jp/gakushu/atmosphere_water/research/

これらの多くは各地の行政と市民との連携による活動であり，地域の水環境を水質の面だけでなく，生きものや文化等の他の様々な魅力も含めて評価しようとしており，また，簡易な水質調査方法あるいは調査者の五感を用いることにより，地域住民等自らが調査を行っているという共通点がある．

また，山形県の身近な川や水辺の健康診断では，水環境健全性指標の考えを取り入れ，現在では調査の際に判断しやすくなるように，調査マニュアルの中に「川の中の生きもののすみ場」等の写真も掲載されている．

今後，水環境健全性指標同様これらの活動の継続と共に調査結果から環境改善等の次のステップへの展開が期待される．

参考文献

5.1

[1]　富山県生活環境文化部県民生活課：とやま21世紀水ビジョン，p.59，2013.

[2]　富山県とやま名水なび〜人がつなげる水環境 HP.
http://www.pref.toyama.jp/sections/1706/mizuhozen/1shirou/sukoyaka/index.html, 2016.9 時点.

[3]　環境教育等による環境保全の取組の促進に関する法律.
http://law.e-gov.go.jp/htmldata/H15/H15HO130.html，2016.9 時点.

[4]　福井県安全環境部環境政策課環境計画推進グループ HP.
http://www.pref.fukui.lg.jp/doc/kankyou/ee/seseragi3.html，2016.9 時点.

[5]　八王子市 HP，八王子に清流を取り戻す市民の会.
http://www.city.hachioji.tokyo.jp/seikatsu/25053/19655/001936.html，2016.9 時点.

[6]　八王子市 HP，環境教育用教材の紹介.
http://www.city.hachioji.tokyo.jp/seikatsu/kankyohozen/kankyokyoiku/003625.html, 2016.9 時点.

[7]　群馬県衛生環境研究所 HP，新しい河川環境の評価方法.
http://www.pref.gunma.jp/07/p07110064.html，2016.9 時点.

[8]　後藤和也：群馬県における水環境健全性指標の活用と川づくりへの住民参加の試み，水環境学会誌，34(A)，11，pp.359-364，2011.

[9]　後藤和也，田子博，下田美里，中島右，須藤和久，木村真也，松本理沙，小澤邦壽：群馬県版水環境健全性指標の作成と活用法，河川整備基金助成事業公開シンポジウム「水辺のすこやかさ指標を使ってみよう」，日本水環境学会，水環境の総合指標研究委員会，p.38，2012.

[10]　後藤和也，下田美里，中島穂泉，須藤和久，木村真也，松本理沙，小澤邦壽：群馬県における多自然川づくり指標の作成，河川整備基金助成事業公開シンポジウム「水辺のすこやかさ指標を使ってみよう」，日本水環境学会，水環境の総合指標研究委員会，p.39，2012.

[11]　飯島明宏：神流川上流域への群馬県版水環境健全性指標の適用，河川整備基金助成事業公開シンポジウム「水辺のすこやかさ指標を使ってみよう」，日本水環境学会，水環境の総合指標研究委員会，p.41，2012.

[12]　飯村晃，藤村葉子，小倉久子，大竹毅，渡邉岳夫，市原泰幸：新たな指標による河川総合評価手法の検討（その1）－公共用水域水質測定結果を用いた河川のタイプ分類について－，千葉県環境研究センター年報，第8号，2008.

[13]　飯村晃，藤村葉子，小倉久子，市原泰幸，大竹毅：新たな指標による河川総合評価手法の検討（その2）－「千葉県版」水環境指標の作成と試行調査－，千葉県環境研究センター年報，第9号，2009.

[14]　みんなで川をみてみよう～"千葉県版"水環境指標の作成と試行調査～，千葉県環境研究センターニュース17号，2010.10.15.

[15]　土永恒彌，古武家善成，Chitchol PHALARAKSH，Tatporn KUNPRADID：「水環境健全性指標」による河川評価と環境教育－北タイの川に適した指標の検討について－，第7回環境技術学会研究発表大会及び特別講演会予稿集，pp.217-218，2007.

[16]　土永恒彌，Chitchol PHALARAKSH，Tatporn KUNPRADID，岡内完治，古武家善成，原田泰：北タイの河川に適した水環境指標の検討と評価，第43回日本水環境学会年会講演集，p.594，2009.

[17]　土永恒彌，岡内完治，古武家善成，原田泰：北タイにおける水環境評価手法の検討と環境教育への適用，第9回環境技術学会研究発表大会及び特別講演会予稿集，pp.135-136，2009.

5.2

[18]　古武家善成，村岡浩爾：市民運動における科学的視点の役割－武庫川市民学会の実践－，環境技術，43(12)，pp.723-728，2014.

[19]　古武家善成：武庫川水系における河川環境の感覚評価，武庫川市民学会誌，2(2)，pp.53-61，2014.

[20]　高橋弘二，村田多磨子，中村修二郎：横須賀「水と環境」研究会だより，219号，pp.2-7，2011.

[21]　横須賀市環境政策部環境企画課ホームページ．
http://www.city.yokosuka.kanagawa.jp/4110/katsudou/mizu.html，2016.9時点.

[22]　清水康生，岸野加州，高橋弘二：水環境健全性指標と住民の水環境意識に関する研

究－前田川を事例として－，土木学会，第41回環境システム研究講演集，pp.65-72，2013.

5.3

[23]　文部科学省「小学校学習指導要領解説・理科」（平成20年8月），pp.16-17，2008.

[24]　清水康生，原口公子：水環境健全性指標の学校教育への活用に関する事例研究―遠賀川水系笹尾川を例として―，日本水環境学会，第17回日本水環境学会シンポジウム講演集，pp.63-64，2014.

[25]　清水康生，原口公子：水環境健全性指標の小学校教育への適用による学習効果について，水環境学会誌，2016.（投稿中）

[26]　茨城県霞ケ浦環境科学センターHP，河川環境学習.
http://www.pref.ibaraki.jp/soshiki/seikatsukankyo/kasumigauraesc/05_gakushu/kasenkankyogakushu/kasenkankyogakushu.htm，2016.9時点.

[27]　茨城県霞ケ浦環境科学センターHP，環境学習の紹介 平成27年度 第2回教職員のための環境学習研修会（実践編）.
https://www.pref.ibaraki.jp/soshiki/seikatsukankyo/kasumigauraesc/05_gakushu/gakushusyoukai/documents/h270818_kojyouschool_teacher.pdf，2016.9時点.

5.4

[28]　高見徹:地域水環境保全を通じた実践的環境技術者の育成，水環境学会誌，34(A)，3，78-82，2011.

[29]　高見徹，内野求：大野川流域における水環境健全性指標の適用と評価，河川整備基金助成事業公開シンポジウム「水辺のすこやかさ指標を使ってみよう」，日本水環境学会，水環境の総合指標研究委員会，p.37，2012.

[30]　環の会，監修 安田郁子：小矢部川水系のすこやかさ調査　川（水辺）へ行ってみよう！，2015.

[31]　大嶋正人，長友はるか，杉中佑砂，新倉浩一，二反田恵祐：水環境健全性指標に基づく厚木近郊5河川の評価，東京工芸大学工学部紀要 Vol.33，No.1，pp.86-93，2010.

[32]　後田美穂，神子直之：水環境健全性指標の湖沼への適用と試行，第41回日本水環境学会年会講演集，p.410，2007.

[33]　今成優海，宮尾陽介，中島淳：琵琶湖内湖の水環境に関する総合的評価指標の開発，第43回日本水環境学会年会講演集，p.20，2009.

[34]　吹田市：先導的都市環境形成促進計画 東部拠点環境まちづくり計画（素案），pp.25,49-50，2009.3.

[35]　福島県：福島県水環境保全基本計画～ほんとの川 ほんとの湖 ほんとの海～，pp.20-21，2013.3.

第6章　高等教育における活用と研究への展開

6.1　高等教育における活用

6.1.1　信州大学と千葉工業大学の事例

(1)　信州大学の事例 [1〜3]

信州大学工学部土木工学科（松本准教授）では，健全性指標の研究と活用が進められている．その目的は，土木工学を専攻する工業高校の学生や大学生が河川の役割を認識し，河川の見方を身につけられるような環境教育ツールとしての活用である．

平成22(2010)年度には，長野工業高等学校土木科3年生と共に高校近くの犀川の評価を半年にわたり実施し，「長野工業高校版 水環境健全性指標」を提案している．

また，工学部3年生の学生実験として土質・水環境実験を実施しているが，その中で環境省の試行調査版・水環境健全性指標［水環境健全性指標を平成21(2009)年に公表する以前に同指標を構築するために全国の河川を対象に行っていた準備段階の健全性指標］をアレンジして作成した「信州大学工学部版水環境健全性指標」を用いた河川評価を平成21年度から実施している．

信州大学では，試行調査版を独自に改良し，個別指標の判断基準を5段階から3段階に改良している．また，調査地先の特色に合わせて個別指標を工夫している．例えば，調査場所が信濃川中流域に位置し生物の生息環境として優れているため，第2軸の中の「川の周囲のすみ場」の評価を省略しているなどである（**表-6.1**）．さらに，調査結果をまとめるとともに，学生にアンケート調査を行い，調査の課題や学習効果について考察を行っている．

表-6.1　信州大学による健全性指標の活用（第2・4軸）[3]

第2軸　河川の「ゆたかな生物」指標〈すべての調査項目について，得点は1，2，3のいずれかの点をつける〉

No.	個別指標	調査項目	【3】 生物の豊かな水環境	【2】 生物が生息できる水環境	【1】 生物が生息しにくい水環境	得点	備考（判定理由） 豊かな生態系とは生物の種，生体量が豊富で，特定種の寡占がない，該当項目チェック
1	植生	川原，水辺の植物	木や草の種類が多く,林,藪,草地を形成している	所々に草や木が確認できる	植物は確認できない		外来種の一部（アレチウリ）を除く．林が形成されているか？ 林は何層の階層構造からなるか？ 林内の地面は落葉が多く，ふかふかか？ 公園の占有面積は？
		観察できた植物の種類	ヤナギ，ハリエンジュ，オニグルミ，イタチハギ，ヨシ，クサヨシ，タデ，クズ，アレチウリ，オオブタクサ，セイタカアワダチソウ，キクイモ				
2	鳥類の生息とすみ場	鳥類の生息とすみ場（痕跡）	鳥類を多数確認できるか，すみ場が多い．	複数の鳥類が確認できるが，すみ場は多くない．	鳥類は確認できず，すみ場もない．		すみ場（すみか，生息場所：川，草むら，木の上）の数，鳴き声なども参考に判定．水面や川原を利用する鳥は高く評価．
		観測できた鳥の種類	河川内のみで生活：ハクセキレイ / カモ，サギ，カワセミ，セグロセキレイ 河川外でも生活　カラス，キジバト，ヒヨドリ / オナガ，キジ，ホオジロ，ヒバリ 生活は河川外，採餌・ねぐらが川原：ドバト，ムクドリ，スズメ，カワラヒナ / トビ				
3	魚類の生息とすみ場	魚類の生息とすみ場	魚の多様なすみ場がある．	魚のすみ場があるが，多様ではない．	すみ場がない（コンクリート三面張り等）．		魚は確認が困難であるため，すみ場から判断，主なすみ場：瀬（早瀬，平瀬），淵，ワンド（川の本流と繋がっている河川敷の小さな池），分流の存在，河畔林や水際植物の存在，観賞魚は対象外．
4	川底の様子	川底の生き物	川底に砂や石があって，うっすら藻類が付いている．虫がいる．	石の表面に藻類が厚く繁殖し，ぬるぬるしている．	石の裏が黒く，臭いを嗅ぐとドブの臭いがする，藻がない．		珪藻（薄茶色），緑藻，水中昆虫
総合得点		—					総合得点は，得られた得点の平均値を少数第1位まで（第2位を四捨五入）記入する．

第4軸 河川の「快適な水辺」指標〈すべての調査項目について，得点は1，2，3のいずれかの点をつける〉

No.	個別指標	調査項目	【3】 水浴，水遊び散策等の活動が楽しめ，安らぎを感じる水辺空間	【2】 散歩が楽しめる水辺空間	【1】 不快な水辺空間	得点	備考（判定理由） 個人の感覚による．個人の生活の履歴に基づく，十分に話し合って採点，確認されたものをチェック
1	景観（感性）	周辺環境との合致した水辺風景	美しい，心が和む，風情がある	違和感のない風景である，特に感じるものはない	殺風景，見通しがわるい，水辺に適さない風景である		河の流れ方向と対岸方向へ 樹木・草，岩石・川原の石，森林，山（遠景），橋，護岸・堤防，電柱・電線，建築群
2	ごみの散乱（視覚）	水面や水辺のごみや浮遊物等の発生	ごみや浮遊物はほとんどなく，きれいである	ごみが所々に少し見られる	ごみが多く不快である		自然のごみ，漂着ごみ（以上はある程度，許容），レジャーごみ，ポイ捨てされたごみ，吸殻，不法投棄ごみ
3	肌で触れた感じ（感覚）	河床に触れてみて，川底の様子	触れてみたい	積極的に触れたいとは思わない	触れたくない		季節の影響あり．水に入る人の有無，河床や石のぬめり，水わたの繁殖，水の透明度，水に触れた感触
4	川の薫り（嗅覚）	川の周囲を含めた薫り	心地よい薫りを感じる	気になる匂いを感じない	不快な匂いを感じる		河川の水の匂，川原の花，樹木，草の薫，田畑の匂，工場・事業所の匂，畜舎の匂，排気ガスの匂，排水の匂，ごみの匂
5	川の音（聴覚）	聞こえる音	心地良い音を感じる	気になる音を感じない	不快な音を感じる		水の音，鳥・虫の声，風による草木の音，人の声，工場・事業所の音，自動車の音
総合得点		—					総合得点は，得られた得点の平均値を少数第1位まで（第2位を四捨五入）記入する．

(2) 千葉工業大学 [4~6]

健全性指標は身近な河川を対象としているが，千葉工業大学の近場には調査に適した河川がない．このため，生命環境科学科・村上研究室では，比較的近傍に位置している谷津干潟や三番瀬に適用できる健全性指標を開発し，学生実習に導入している．また，学科では教職課程を開講しており，教員を目指す大学生が中学校や高校で生徒を安全に楽しく学ばせるための健全性指標の開発も試みている．

具体的には，干潟版健全性指標（干潟版），砂浜版健全性指標（砂浜版），環境教育版健全性指標（環境教育版），都市河川版健全性指標（都市河川版）

を試行している．例えば，干潟版健全性指標（干潟版）では，評価方法として，得点が中央に集まりやすい3段階評価でなく4段階評価に変更している．さらに，レーダーチャートに代わる結果の表示方法として，「顔」表示で表現する方法を提案している．また，この干潟版では，5つの軸は環境省の試行調査版・水環境健全性指標と同じであるが，第1軸では，「水量の状況」を「潮汐差」に，「護岸の状況」を「干潟の状況（人工的な干潟か自然な干潟か）」に変更しているなど個別指標を工夫している．

以上のような健全性指標を使用して，4年生の学生を中心とした調査を行っている．

6.2　研究への展開

6.2.1　指標による評価のばらつきを考える[7,8]

(1)　水環境健全性指標と調査結果のばらつき

水環境健全性指標には調査者の五感によって評価する項目が多いので，定量的な水質調査と比べ評価結果にばらつきがより多く含まれることは避けがたい．

しかし，例えば同一地点において複数の調査者の評価結果が肯定的評価（高評価点）と否定的評価（低評価点）に分かれた場合においても平均値が評価結果とされるが，それで妥当と考えてもよいのであろうか．指標の利用においてはばらつきの問題はある程度やむを得ないとして扱われてきたが，だれでも使える水環境評価手法として指標を普及させるためには，この問題について検討を深める必要がある．

(2)　調査事例に見られる分離評価

表-6.2 は，水環境健全性指標を用いて河川環境評価がなされた各地の事例について，評価結果を肯定的評価，中立的評価，否定的評価に分類し，そ

表-6.2　水環境健全性指標・水辺のすこやかさ指標による河川評価事例（単位%）（[7]より改変）

調査番号		1			2			3			4			5			6			7			8			9			10		
評価軸	個別指標項目	高槻市 芥川下流 N=4			西宮市 津門川下流 N=13			大阪市 大川 N=12			池田市 猪名川下流 N=24			宝塚市 武庫川下流 N=7			西宮市 武庫川下流 N=7			田川市 金辺川豊山 N=3			香春町 金辺川清瀬 N=3			香春町 金辺川瀬戸 N=3			飯塚市 建花寺川 N=9		
		−	N	+	−	N	+	−	N	+	−	N	+	−	N	+	−	N	+	−	N	+	−	N	+	−	N	+	−	N	+
1 自然なすがた	1　水量	0	0	100	8	23	69	33	17	50	27	41	32	0	43	57	14	14	71	33	67	0	0	33	67	0	33	67	0	56	44
	2　護岸状況	0	100	0	15	23	62	25	17	58	73	23	5	29	71	0	100	0	0	33	67	0	0	67	33	0	33	67	0	33	67
	3　魚遡上阻害				8	38	54	33	17	50	71	19	10	29	43	29	14	71	14	33	33	33	33	67	0	33	33	33	0	25	75
2 ゆたかな生物	1　植生	0	50	50	8	8	85	33	17	50	17	46	38	0	29	71	71	14	14	0	100	0	0	33	67	0	0	100	0	0	100
	2　鳥類	0	67	33	31	0	69	33	25	42	17	79	4	0	43	57	25	63	13	0	100	0	0	33	67	0	33	67	11	89	0
	3　魚類	0	50	50	15	8	77	42	8	50	21	75	4	0	86	14	29	43	29	0	100	0	0	0	100	0	33	67	11	78	11
	4　底生生物	0	50	50	23	38	38	42	17	42	42	42	16	29	71	0	86	14	0	0	33	67	0	33	67	0	0	100	0	22	78

* 灰色地：分離評価判定，＋：肯定的評価，N：中立的評価，−：否定的評価

れぞれの評価の割合（%）をまとめたものである．表にはその一部を示している．3分類に対応する評価点は，3，2，1である（なお，各地での変法として5段階評価が採用されている場合は，評価点は5〜4，3，2〜1とした）．

感覚評価で問題となるばらつきは評価が大きく分かれる場合である．そこで，肯定的評価と否定的評価とが共存して評価が分かれる場合を「分離評価」と名付け，その発生状況に着目した．表中の分離評価例は灰色地で示してある．調査参加者が多い調査2，3，4等では多くの分離評価が見られる．

(3)　分離評価が生じやすい個別指標項目

表-6.3は**表-6.2**の10調査例から算出される個別指標項目別の分離評価発生率を示したものである．第3軸については，「透明性」評価時に透視度計を用いない調査事例があるなど，単純な比較が難しい結果が含まれていたので，この表からは省いてある．**表-6.2**の調査事例には，調査マニュアルに従い調査に慣れたグループによる事例と，主催者による簡単な説明のみで行われた調査イベントによる事例の両方が含まれている．

結果を見ると，第1軸「魚遡上阻害」や第5軸「歴史・文化」，「水辺接近しやすさ」，「住民利用」で分離評価が多い．「魚遡上阻害」では現場での観察力，「歴史・文化」等では地域の歴史・文化やその他の地域情報をどれだけ収集しているかが評価に影響することから，調査者の事前調査能力の差が表

れたと考えられる．感覚評価の特徴が強く表れる第4軸の項目でも，「ゴミ」を除き評価のばらつきが生じやすい．

表-6.3の調査結果からは，調査者数と分離評価発生率（評価全項目に対する分離評価項目の割合）の間に正の相関性が認められた[7]．特に初心者の場合，調査者が多くなると判断基準の違いが顕在化しやすくなると考えられる．

表-6.3　個別指標項目別分離評価発生率（%）（[7]より改変）

個別指標項目		分離評価発生割合%
1軸	1　水量	40
	2　護岸状況	30
	3　魚遡上阻害	78
2軸	1　植生	40
	2　鳥類	40
	3　魚類	50
	4　底生生物	30

個別指標項目		分離評価発生割合%
4軸	1　景観	60
	2　ゴミ	30
	3　水との接触	50
	4　薫り	60
	5　川の音	60
5軸	1　歴史・文化	78
	2　水辺接近しやすさ	56
	3　住民利用	56
	4　産業利用	33
	5　住民環境活動	33

(4)　分離評価の実態と改善の方向性

環境系の学生の参加を得て分離評価の改善策を検討した例[8]によれば，同一河川の3地点において，最初と最後の地点を自由評価とし，中間地点で合議により評価を一致させる機会を与えた場合，最後の地点では合議体験の効果が表れ，評価のばらつきの減少が期待されたが，分離評価を改善するには至らなかった．

そこで，合議の効果があまり表れなかった理由を明らかにするため，明確な分離評価事例を詳細に検討した結果，例えば「魚遡上阻害」では，評価点2の理由が「魚道はあるが，通常の魚道より不十分と判断された」であるのに対し，評価点4の理由は「魚道が2本整備されており，落差も小さかった」であった．「薫り」では，評価点2の理由が「川全体の空間の臭いが気になった」であるのに対し，評価点5の理由は「自然を感じさせる臭いを感じた」であった．

この結果は，肯定的評価と否定的評価の理由は必ずしも大きく異ならず，いわば“視点の多少の違い”で生じていることを示唆している．評価に関する十分な話し合いの必要性を改めて感じさせる一例である．

感覚評価におけるある程度の個人差は許容すべきだが，肯定的評価と否定的評価を単純に平均しても，「普通」と言う評価結果が出ればその地点の特徴を抽出できない．感覚評価法におけるばらつきの問題を検討する必要性は小さくない．

合議の限界を述べたが，調査参加者が評価理由を話し合うことは，“感覚のすり合わせ”効果が期待できるという意味で有用である．評価の個人差を減らすためには，評価体験，評価法への慣れ，事前学習・現地対話・事後議論，合議等を組み合わせ，調査者個々人の評価感覚を妥当な評価結果に収斂させる努力が必要と考えられる．

6.2.2　健全性指標のAHP手法による評価とその応用[9, 10]

水環境健全性指標は，個別指標の判断において主観的な判断を含んでいる．そして，調査者の各軸や個別指標に対する思いの強さ（主観：重要度とも言える）は同じではない．このことから，評価者が変わればその判断結果は必ずしも同じではなく，結果に普遍性がないとも言える．この点を考察するために，清水・高橋[9]は健全性指標の指標群を評価要因構造として捉えて（**図-6.1**），AHP（Analytic Hierarchy Process）手法を適用した評価を行った．そして，通常の判断結果と評価結果との比較を行った．

まず，3箇所の地先で水環境の調査を行い，健全性指標により各水環境の特色を3段階で判断した（**図-6.2**）．次いで，AHP手法により，指標の得点付与の判断の背景にある主観的な観点からの比較評価を試みた．この結果，個別指標の重要度（合計値が1となるよう表示）として**図-6.3**を得た．

両図を比較すると，各手法で得られた地先の順位については，総じて同じ結果が得られている．ただし，**図-6.3**は**図-6.2**よりも3地先の相

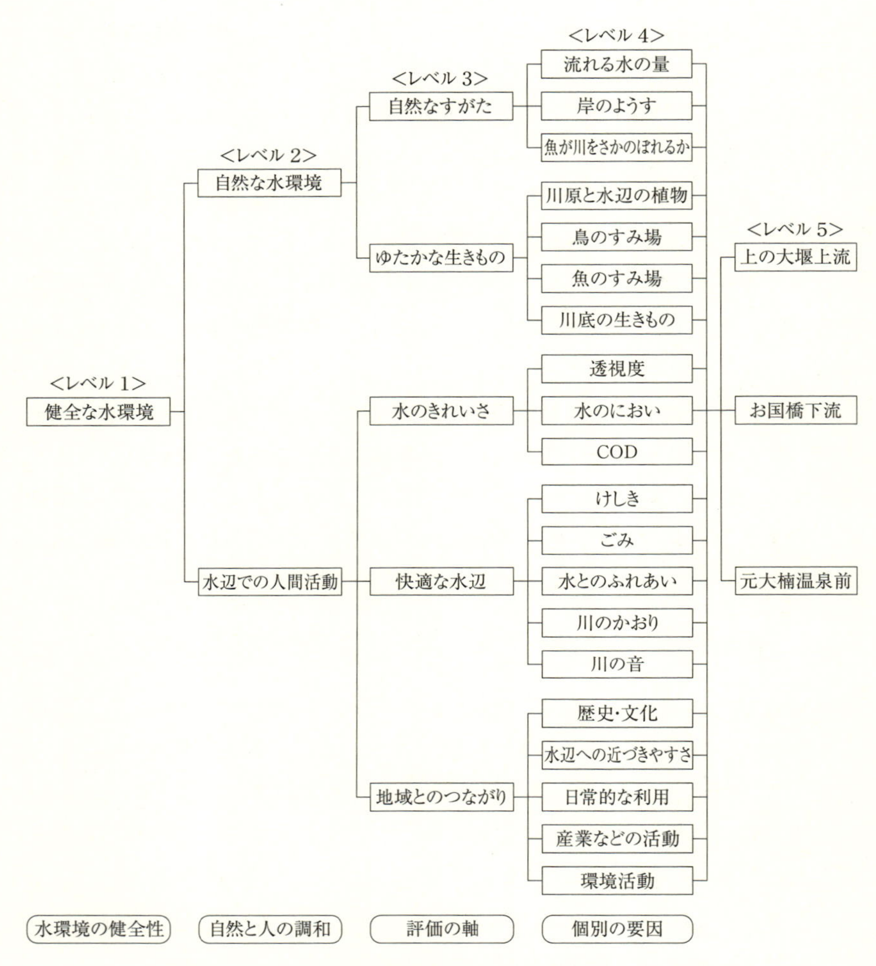

図-6.1　すこやかさ指標による AHP の評価要因構造[9]

対的な評価結果の差異が顕著に表れている．例えば，川底の生きもの，ごみの多さ，歴史・文化等である．この理由は，レベル4の評価結果（重要度）の影響を受けているためである．

さらに，第3軸の2つの個別指標（透視度，水のにおい）は，通常の判断方法では満点（3.0）であるが，AHP 手法を適用した場合には，相対的に重要

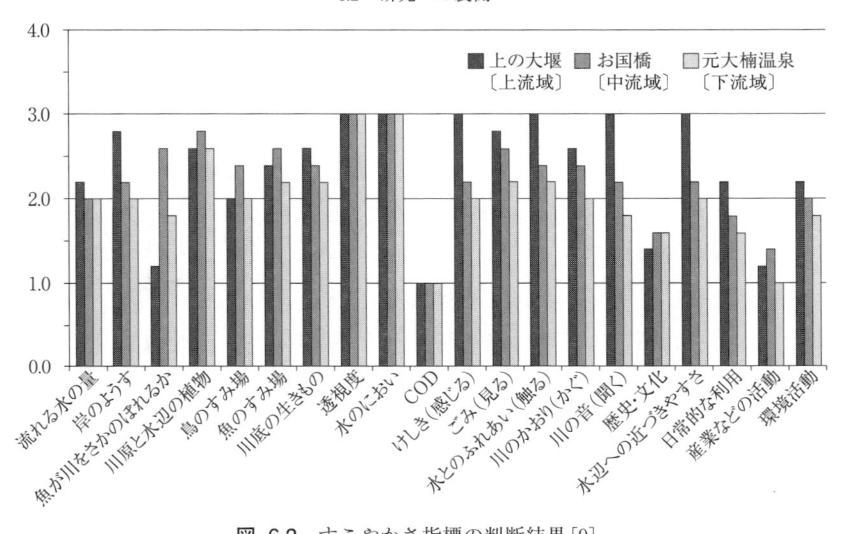

図 -6.2　すこやかさ指標の判断結果[9]

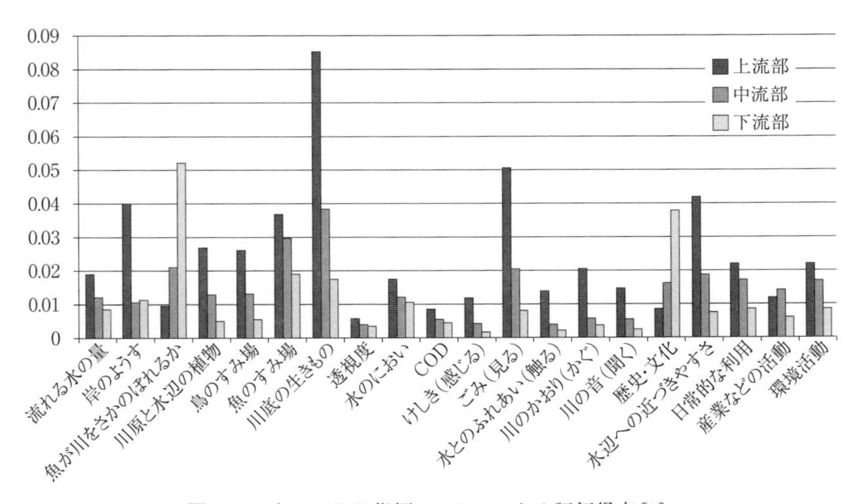

図 -6.3　すこやかさ指標の AHP による評価得点[9]

度が小さくなっている．これは，水がきれいであることは客観的に明らかである(**図 -6.2** 参照)が，水環境の評価の視点として主観を踏まえて判断すると，今回の調査者において“水のきれいさ”はあまり重要な要因とは認識されていないことを意味している．この理由について調査者の感想を踏まえて解釈すると，調査河川では水のきれいな状態が当たり前と認識されており，特段に重要であるとの意識を有していなかったためと推察される．また，**図-6.3**で川底の生きものに対する重要度が高く評価されているのは，調査者が同河川の生物調査を長年にわたって行い，川底の生きものに対する関心が高いため，その重要度も高くなったと理解できる．

以上のように，通常の調査結果とAHP手法を適用した個別指標の得点を比較すると，指標によっては判断結果と評価結果（相対的な重要度）が大きく異なっていた．その理由を考察することによって，水環境に係る判断の背景を各個別指標の視点から深く理解することができると言えよう．

以上のように健全性指標の判断結果は，主観に基づく評価結果（重要度）とは一致しない．このことから判断結果はあくまで水環境の状態を表し，評価結果は重要度を表すと考えられる．

そうすると，両者を掛け合わせて累計することで，住民意識を反映した総合評価点を得ることができることを大分工業高等専門学校の高見[10]は指摘している．総合評価点を算出することで，調査地点間の比較（優劣）が容易になり，環境改善を行う優先順位を判断することが可能になる．また，健全性指標の個別指標の最高点である3点から調査の判断得点までの差(不足値)とAHPによる重要度を掛け合わせることで，その地点において総合評価点を向上させるために必要な改善項目を知ることができるとしている．このように健全性指標の調査結果を行政施策へ適用する方法が提案されている．

6.2.3　健全性指標の適用と応用に関する研究[11〜15]

日本大学の小沼・齋藤らは，健全性指標の適用課題の整理から意識分析という応用分野までの研究を順次進めている．以下，各研究内容から興味深いと思われた事項を中心に述べる．

(1)　健全性指標の持つ客観的，主観的な特性について[11]

学生3名による調査結果であるが，環境の良いところと悪いところを調査する場合に，先に調査を行った調査結果の影響を受けて，次の地点の調査結果が得られる可能性があると指摘している．このことは，環境の良い地点を強調したい場合は，環境の悪い地点から調査を開始すれば良いことを意味している．これらを踏まえて，調査結果は様々な条件によって左右されやすく，安定的な結果を引き出すのは難しいことを述べている．しかし，調査者の五感が反映され，直感的印象や，環境に対する素直な意見を抽出しやすくなるというメリットが大きく，このことは水環境を考えるうえでは非常に重要であるとしている．

(2)　健全性指標のばらつきを与える要因について[12]

質問の仕方によって，回答のばらつきを低減できる可能性のあることを指摘している．例えば，第5軸の設問「多くの人が利用していますか？」については，神田川を例として川の周りを行き来している人々を利用している人と捉えていたかどうか，また，普段から環境教育等に使用されていると捉えたか否か等が影響するとしている．これらについては，あらかじめ条件を明記することによって回答のばらつきを小さくできるとしている．

また，第5軸の設問「川にまつわる話を聞いたことがありますか？」については，事前調査によってより安定した回答が得られることが期待されるが，適切な事前調査のあり方についても検討が必要としている．さらに，第2軸の設問「川底に生きものがいますか？」については，川に入れず現状の確認ができない場合には，評価が難しいことを述べている．

(3)　意識調査としての健全性指標調査とその分析手法[13]

大学生8名を対象として水辺のすこやかさ指標調査を複数回実施し，調査結果の変化，ならびに自分が思い描く理想の河川像の変化を追っている．この際，回答のパターンを分類する方法論としてクラスター分析［Ward法(Ward's method)］を適用することを提案している．その結果，得られた回答を**図-6.4**に示す3つのクラスターに分類している（クラスター1：1名，クラスター2：4名，クラスター3：3名）．

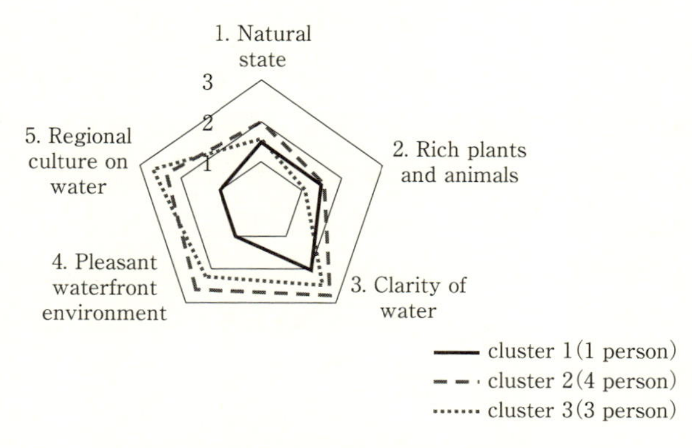

図-6.4　クラスター分析で分類された調査結果

(4)　新興国の水環境評価への適用に関する研究[14]

健全性指標は，比較的安価な測定で水環境を評価することができる．このため，東南アジアの新興国であるベトナム国フエ市内を流れる河川において指標の適性を検討し，同時に，市民生活のうえでの水辺利用の安全性に関しても評価を行い，現地の河川評価に適した指標の改良の方向性について考察している．この結果，日常生活において河川水と直接的に接触のある地域では，安全性に関わる項目の評価は重要であり，3軸に糞便汚染指標等による安全性評価の項目を追加することが有意義であると指摘している．

(5)　水辺のすこやかさ指標に安全性の評価軸を導入する構想[15]

住民が親水公園を利用する場合には，安全の確保が大切である．水質については水浴場判定基準に基づいた評価が考えられること，さらに，この安全を評価する新たな視点について考察している．具体的には，蜂等の危険な生物の存在，護岸の安全性に加えて転落時を想定した親水公園内の川等の水深や流速についても評価が必要と述べている．そして，これらの視点を健全性指標の新しい評価軸として組み込むことを提案している．さらに，健全性指標は，水辺における環境教育だけでなく安全教育をも同時に行うことができるツールとして活用できると指摘している．今後の研究の進展が待たれる．

6.2.4 健全性指標の可視化のためのWebアプリケーションの開発[16]

青森大学の角田らは，地理情報システムの活用による環境教育の高度化を目的として小学校の環境教育で観察記録を登録，閲覧できるマップアプリを開発している．そのマップアプリを水環境健全性指標への利用に特化して，閲覧性と利用性を向上させることを目指して研究を進めている[16]．

具体的には，Google Maps APIとJavaScriptによるデータビジュアリゼーション・ライブラリD3.jsを用いて，地図上に健全性指標を詳細な調査データまで表示し複数地点を比較することができるWebアプリケーションを開発している．

同システムでは，調査結果が河川や住宅等の地理情報と共に表示されていること，さらに，各調査地点の結果が読み取りやすいグラフで表示されていることが重要と考え(**図-6.5**)，システムが構築されている(**図-6.6**)．

このアプリケーションの開発により，河川における健全性指標の調査結果がWeb上でビジュアライズされ，容易に比較できるようになる．これにより，閲覧者がより身近に河川との関わりについて知ることができるようになると考えている．

このシステムを利用して，今後，様々な地域の“みずしるべ”調査の結果を登録することが構想されている．

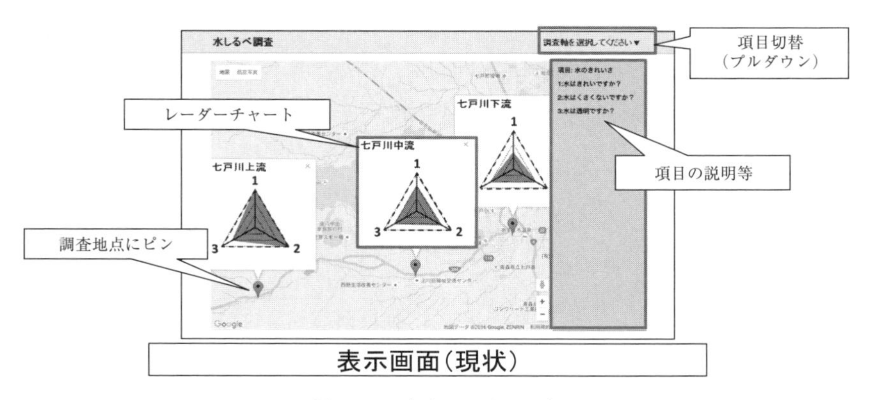

図-6.5 画面のデザイン案

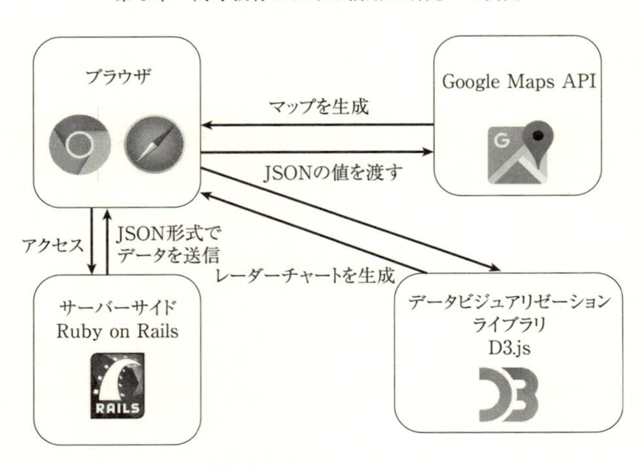

図-6.6　システムの構成

6.2.5　写真の活用，調査結果の見方と解釈，時を意識した指標の使い方［17］

水環境健全性指標を使って河川調査を行う時に，現場の写真を残し活用することが非常に有効であることを北海学園大学の余湖典昭教授は指摘している．以下，余湖教授より寄稿された文章を引用し，紹介する．

映画『男はつらいよ』のタイトルバックは川（江戸川）の風景である．筆者はこの地を訪れたことがないが，主題歌と共に流れるこの映像を見ていると，フーテンの寅さんの育った葛飾柴又付近の風情や人々の暮らし，登場人物の顔が浮かんでくる．矢切の渡しや，金町浄水場の取水塔も映っていて，江戸川と人々の暮らしの関わり等の多くの情報を与えてくれる．

水辺のすこやかさ指標は，従来の水質分析結果だけによる水環境評価法に一石を投じ，水環境の幅広い特性を評価対象にしたことにある．であれば，豊富な情報量を持っている写真もデータとして活用してはどうか，というのがここでの趣旨である．

(1)　なぜ写真が有効か？

すこやかさ指標の3軸（水のきれいさ）以外の項目は，数字によって単純に評価できる項目ではないので，調査する人の知識，感性等によって結果が左右されることは否めない．これがすこやかさ指標の欠点と指摘されることもあるが，この曖昧さこそがこの指標の大きな特徴である．

すこやかさ指標による調査を一度体験することによって，過去や将来の結果，あるいは他の河川の調査結果と比較したいという調査者の意欲が刺激されるかもしれない(刺激されることを期待したい)．これは現在の調査結果と，時間や位置の軸が異なるデータと比較することを意味する．水質分析結果は，時間や位置が異なっていても絶対的な比較が可能である．しかし，すこやかさ指標の3軸以外の項目は，比較する基準がない，あるいは過去や他の場所の調査者と共有する情報がないため比較が難しい．今後，この指標が全国各地で利用され，調査結果が蓄積されると，時間や位置の違いを共有できる情報が不可欠であり，その役割を担うものとして写真が適任である．なぜなら，写真には水量，岸の様子，すみ場，景観等の河川環境に関するきわめて多くの情報が含まれているからである．幸い，今や国民総カメラマン時代といわれ，新たな機材の購入も必要なく，手軽で安上がりな方法でもある．

(2)　写真の効果

すこやかさ指標の結果をまとめたレーダーチャートだけでは，現地を知らない人には川のイメージが伝わらない．この問題を解決するために，現地の写真を「まとめ表」に最低1枚添付することを提案したい．写真の持つ豊富な情報量によって現場のイメージアップが可能となり，その蓄積によって，季節変化や経年変化を比較できるデータベースができあがる．例えば，ある河川の夏と冬の同じ画角の写真があれば，その比較により，前述した水量，岸の様子，すみ場，景観等の様々な変化を読み取ることができる．また，訪れたことのない河川であっても，写真付きの調査結果はその河川のイメージアップに大いに役立つであろうし，写真付きの調査結果を素材とした議論の積み重ねが評価基準のばらつきを低減する効果を生み出すかもしれない．過去の調査者や他の河川の調査者が，どのような景色を見て評価したのか，1枚の写真が大きな手掛かりとなるはずである．具体的な例を以下に述べる．

図-6.7 は6年間経過後の都市内河川（札幌市豊平川）の写真の比較である．現地を知らない人であってもこの写真を見れば容易に川の様子をイメージすることができる．また写真には，河川だけでなくその周辺の景色を含めて数

図-6.7　画像が持つ説得力（札幌市，豊平川）（6年間で，樹木の成長，中洲の形成，魚道の設置，床止めの移動等の変化が確認できる）

図-6.8　画像による植生の同定と分布の変化（千歳市，美々川中流部）（画像から植生を同定することができる．また，1年間で植生が大きく変化したことが確認できる）

多くの情報が含まれており，専門家でなくとも6年経過後の変化を具体的に認識することができる．

ただし，写真に記録としての価値を持たせるためには，撮影日時が正確に記録されていること，河川周辺も含めた広角的な画像であること，できるだけ同一地点から同じ画角で撮影することが重要である．筆者は，調査時には写真を極力多数撮影することを心掛けているが，同じ画角で撮影されたものは意外に少ないので，過去の写真を参考にしながら意図的に撮影することが重要である．

さらに，写真を用いて植生の変化を推定した例を**図-6.8**に挙げる（北海道，美々川）．一般市民にはやや難しいが，専門家の助言を得れば植生の変化を写真から読み取ることができる．

以上の例からも，河川環境のイメージと豊富な情報を含む写真は蓄積されるほどその価値が高まる可能性があり，すこやかさ指標のデータとして調査結果に加える効果は大きいと考えられる．

6.2.6 健全性指標に関するその他の研究 [18〜22]

(1) 新たな表示方法を試みた研究 [18]

健全性指標の調査結果の表示方法に関しては，様々な方法が提案されている．例えば，通常は5つの軸を表示するが，新潟薬科大学の川田らは主観的な評価軸と客観的な個別指標（4軸）を同時に八角形のレーダーチャートでわかりやすく表示することを提案している．このことにより水環境の良さが表現でき，比較しながらの説明がしやすいとしている．

(2) 水環境の利用構造に着目した研究 [19〜21]

健全性指標の調査者の主観は，調査の結果に影響する．その主観は，調査者の水環境に対する意識が反映されている．さらに，その意識は調査者の属性や日々の水環境の利用行動にも関係している．水環境特性（調査結果），意識，属性，利用行動の4つを関連付けた水環境利用構造モデルを仮定して，健全性指標の調査結果を解釈しようとした清水・原口らの研究がある．

(3)　健全性指標の意義についての考察[22]

健全性指標は，環境省が水環境行政を広く展開しようとした時期に開発が始まっている．高崎経済大学の飯島は，健全性指標の意義として，環境評価という政策形成のプロセスに住民参加を促す取組みであり，住民に環境保全の主導権を与えるという視点において新しいアイディアであると記している．さらに，このような変革は，経済的手法や規制的手法による既存の環境政策に相乗効果をもたらす可能性を秘めていると，その意義を述べている．

参考文献

6.1

[1]　松本明人，朝日茂：高校生とつくる水環境健全性指標，信州大学環境科学年報 33 号，pp.131-137，2011.

[2]　松本明人：大学生とつくる水環境健全性指標，信州大学環境科学年報 34 号，pp.72-77，2012.

[3]　松本明人：水環境健全性指標と環境教育，信州大学環境科学年報 36 号，pp.43-49，2014.

[4]　村上和仁：東京湾沿岸に位置する前浜干潟・河口干潟・潟湖化干潟の水環境健全性指標による特性解析，土木学会論文集 B3(海洋開発),Vol.67，No.2，pp. I _469- I _474，2011.

[5]　日本水環境学会水環境の総合指標研究委員会：水環境の総合指標研究委員会成果集，4.4 研究や環境教育，環境学習などで活用されている健全性指標，4.4.1 千葉工大－研究としての各種水辺版指標の開発，実習での活用，pp.104-105，2013.

[6]　村上和仁，小浜暁子：人工的自然干潟と自然的人工干潟の干潟版水環境健全性指標による比較解析，用水と廃水，58 巻，4 号，pp.50-59，2016..

6.2

[7]　古武家善成，原田茂樹，原口公子： みずしるべ　人による評価の違い，第 15 回日本水環境学会シンポジウム講演集，pp.9-10，2012.

[8]　古武家善成：水辺の調査の実施例と結果の活用法，第 20 回日本水環境学会市民セミナー「水辺の環境調査－水辺の生物多様性と水環境総合指標－」講演集資料集，pp.39-49，2011.

[9]　清水康生，高橋弘二：水環境健全性指標を適用した AHP 手法による水環境の評価に関する研究，水環境学会誌，35，9，pp.143-149，2012.

[10]　高見徹：日本水環境学会水環境の総合指標研究委員会，水環境の総合指標研究委員会成果集，4.1 基本的にすこやかさ指標を使っている事例，4.1.2 大分県―高等専門学校と NPO との協働による調査と水環境改善のための住民意識の反映の試み，調査地点間比較のための総合評価方法と水環境改善のための優先順位の決定方法，pp.85-86, 2013.

[11]　杉浦将平，高橋秀典，小口博陽，小沼晋，齋藤利晃：水環境健全性指標の持つ客観的・主観的特性に関する検討，土木学会第 66 回年次学術講演会，2011.

[12]　滝本麻理奈，小沼晋，齋藤利晃：水辺のすこやかさ指標（みずしるべ）のばらつきを与える要因の抽出，平成 25 年度日本大学理工学部学術講演会，2013.

[13]　滝本麻理奈，小沼晋，齋藤利晃：水辺のすこやかさ指標による土木系大学生の都市河川に対する意識調査と分析，平成 26 年度日本大学理工学部学術講演会，2014.

[14]　小沼晋，滝本麻里奈，古米弘明，Pham Khac Lieu，Tran Anh Tuan，齋藤利晃：ベトナム国フエ大学において実施した水辺のすこやかさ指標と糞便汚染指標に関する試行調査，第 49 回日本水環境学会年会，2015.

[15]　滝本麻理奈，浅賀みなみ，小沼晋，齋藤利晃：環境教育・学習の場の提供を目的とした親水公園の安全性調査と水辺のすこやかさ指標の安全性に関する評価軸の構想，第 42 回土木学会関東支部技術研究発表会，2015.

[16]　澤田洋二，大沢凌平，小久保温，角田均，三上一：水環境健全性指標の可視化のための Web アプリケーションの開発，情報処理学会，第 78 回全国大会論文集，pp.4-967-968，2016.

[17]　櫻井善文，片桐浩司，佐藤孝司，余湖典昭：写真判読による水生植物群落の経年変化把握と生育環境との関連性，第 12 回日本水環境学会シンポジウム講演集，pp.249-250，2009.

[18]　大野正貴，長沢俊輔，田村宗晃，鈴木和将，小瀬知洋，川田邦明：水環境健全性指標の新しい表示法の試み，用水と廃水，Vol.53，No.9，2011.

[19]　清水康生，岸野加州，高橋弘二：水環境健全性指標と住民の水環境意識に関する研究－前田川を事例として－，土木学会，第 41 回環境システム研究講演集，pp.65-72, 2013.

[20]　原口公子，清水康生：水環境健全性指標を用いた河川調査について－遠賀川水系笹尾川の事例－(1)，日本水環境学会第 48 回年会，3-J-09-2，2013.

[21]　清水康生，原口公子：水環境健全性指標を用いた河川調査について～遠賀川水系笹尾川の事例～(2)，日本水環境学会第 48 回年会，3-J-09-3，2013.

[22]　飯島明宏：第 9 章 環境政策への住民参加を促す新しい環境評価手法の導入，高崎経済大学地域政策研究センター編 イノベーションによる地域活性化，pp.165-185，日本経済評論社，東京，2013.

第7章　まとめと今後の展望

7.1　水環境健全性指標のまとめ

水環境健全性指標は，専門家が水環境の定義の議論から始め，その評価にはどのような視点が必要かを盛り込み，そのうえで一般市民が主体となるとはいえ，専門家の協力を得ながら水環境を評価することを前提に作成された．そのため，作成当初から2つの側面を持っている．すなわち，健全な水環境という，現在においても学術的に明記することが困難な事柄を扱っていることと，NPO等の市民参加を基本とし，行政主体ではない評価ができるツールを提供しようとしていることである．この試みは，いずれもチャレンジングである．

まず，健全な水環境についての記述である．人々の生活に身近な河川の状況は，それぞれの地域の自然環境のみならず社会の経済状況等による影響も受け，本来非常に個別的であり，定量的な記述は難しい．それはたとえ河床の状況や流況がよく理解され，それらを示す生物学的指標や物理的指標が提示されていたとしても，地域社会の中の河川であるとした時に，どのような河川が“健全である”と評価できるかは，その地域特有の価値観に基づく判断も含まれてくるからである．

しかしだからこそ，これまでも研究者を中心にいくつかのトライがなされてきた．平成9(1997)年の『河川法』の改正によって「環境」が河川管理の目標に加えられた際に，生態学と土木分野の研究者が河川管理において連携し，応用生態工学研究会が発足したことや，国内での河川生態学術研究[1,2]が精力的に進められたこともその一つであろう．応用生態工学研究会の中心メンバーによって出版された『川の目標を考える－川の健康診断』[3]は，現在でも参考となる優れた書籍である．しかしこのように河川環境について専門家間での大きな動きがあったにもかかわらず，これらの成果が一般市民にまでなかなか浸透しなかった背景には，手法がやはり専門的であり，また河川管理の主体は河川管理者であるとの，認識が専門家の根底にあったからなのかもしれない．

一方，市民参加型の環境評価や環境保全については，環境教育と関係してこれまで多くの議論や実践はあるものの[4等]，市民の持つ環境意識や環境に関する知識レベルは非常に多様であるため，同じ評価基準に収斂しにくい．その場をより多くの人が望む場所として維持し，あるいは変えていくには，河川管理者，研究者等の専門家と市民の両者が同位置に立って使える共通の物差しが必要である．この水環境健全性指標は，5つの調査軸（評価軸）を用意したことで，この共通の物差しを提供している．それでも個人差は埋まらないだろうが，少なくともその場についての嚙み合わない議論を避け，参加者同士の水環境に関する意識の相互理解には大いに役立つツールを目指した．一般市民は研究者の行っている学術研究の成果を通してより深く身近な環境を理解できるようになり，また研究者や河川管理者は市民が望む身近な環境を維持，創造するにはどのような事柄が必要かを提示して議論を始めるための，一つのツールを目指したとも言えるだろう．

7.2　今後の展望

実際にこの指標を公表してみると，専門家と市民とではその受取り方が異なる実態が見えてきた[5]．**第6章**にまとめたように，専門家からは環境教育教材としての評価が高い一方，市民や行政主体の多くの調査事例において，

第5章で紹介したように，自分たちで使いやすいように指標を改変するケースが多いことがこのことを物語っている．当初用意された項目の中では，一般市民には情報が少ない，あるいは簡単に調べることが難しい「地域とのつながり」，「豊かな生き物」に関する軸が削除されたり改変されたりするケース，また参加者の主観が入る項目についても変更されるケースがある．しかし，このような変更は，指標の課題というよりその使い方，指標で何を評価したいかによるのであり，オリジナルの指標との比較からそれがわかる点もまた，本指標の存在する意義でもある．

NPO等が主体となって市民参加を促す場合，河川が身近な存在であるという認識がいまだに薄いことへの危機意識から，まず河川に親しんでもらいたいとの思いがある．河川に入りそこで生き物を見つけ，友人や家族と時間を共に過ごした経験がなければ，河川環境や生き物に対する愛着を持つことはできない．また，その河川とそこに住む人々との暮らしの関係を，河川周辺の歴史を知ることで理解できれば，やはり河川への関心や愛着につながるであろう．水環境への導入の一つとして，その河川の“良いとこさがし“に利用することは，この指標を作ることの大きな目的の一つでもあった．

そのような導入により河川環境への関心が生まれた後に，やや上級編として本指標の5軸をあらためて丁寧に見直して再評価を行うなど，参加者の関心や知識レベルに応じた使い方の工夫が可能である．例えば，総合評価のみで河川の特徴を評価しようとすると各調査軸の調査で行ったきめ細かな情報を見落としてしまう可能性があると判断されるなら，各調査軸の調査結果と併せて総合評価結果を示すこともできる．指導者によっては，**第6章**にまとめられている研究事例を参考にして自分たちの結果を掘り下げることも可能だろう．得られた結果をどのように使うかは，この結果を使って，河川のどこを，あるいは何を知りたいか，によるだろう．

また，この調査から得られる情報量を考えれば，せっかく現場に行き，様々な角度から河川を観察するのであるから，それを総合評価結果のみで残すことは，あまりにもったいないとの意見も出よう．観察された事柄や感じたことをすべて記述して残す，写真に残す，あるいは絵地図として残すなどの工夫があってもよい. **6.2.5** で述べたように, 実際専門家からは, 写真に残された情報の重要性が指摘されている. 長期にわたり調査を継続するのであれば, 身近な河川の博物学的な情報の集積は, 長いスパンでの時間的な変化を記録した貴重な情報になるであろう.

最後に, この指標の行政施策上の展望を記したい. 実施例から見られるように, 行政が主体となってこの指標を使った河川評価を市民参加で行う背景には, 現在の比較的良好な水環境を確保するまでに取られてきた行政上の多くの努力や工夫を市民に知ってもらいたい, 今後の水環境管理やそのための行政施策への理解を市民から得たいとの思いがある. また **2.3.3** でも述べたように, 『水循環基本法』を受けて閣議決定された水循環基本計画の具体的な実施においては, 住民参加は不可欠である. そこで市民参加を進めるために, 水環境健全性指標を利用する枠組み作りが考えられる. **図 -7.1** に一つの提案として本指標を水環境行政に取り込む例を示した[6]. 水環境健全性指標の調査を核として, 全国水生生物調査は第 2 軸の生き物軸の中に付随調査として織り込み, 水生生物調査方法 (研究所用) もその一環と位置付ける. また, ホタレンジャー事業は, 第 5 軸の " 地域とのつながり " の中にある個

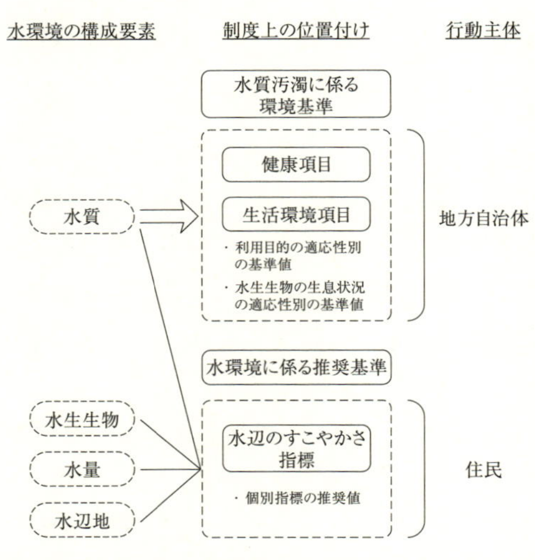

図 -7.1　環境基準と推奨基準の位置付け (行政と住民が連携した水環境保全)

別指標である「環境活動」の一環と位置付ける．このようにすれば，環境省水環境課で継続して行われている施策（事業）を新環境基準体系という考え方の中で統合的にわかりやすく位置付けていくことができるのではなかろうか．

さらに，水環境健全性指標が上手に使用され，水環境を科学的に理解できる人々が増えるようになるためには，この指標をよく理解している専門家の存在が必要である．調査グループの中に中心となる専門家がいれば，調査者の関心のレベルに応じて，各調査軸の調査結果を少しずつ取り入れながら，調査地の状況を丹念に観察して記録に残すこともできよう．専門家の指導で自然を見る目を養ったうえで，参加者同士が議論しながら最終評価を行う楽しみも作られよう．また改めて調査をし直すのではなく，これまで個別に行われてきた各種の調査結果を集約し，調査軸に照らして再評価を行うこともできるだろう．それぞれの地域をよく知る地域の環境研究所等の職員や地方大学の教員，あるいは専門家が属しているNPO等の活躍に期待するとともに，彼らの活動を支援し，後継者を育成する仕組み作りも，この指標作成の意図を広く知ってもらうために必要である．

参考文献

7.1

[1] 小倉紀雄，大島康行監修：多摩川の河川生態 水のこころ誰に語らん，リバーフロント整備センター，2003.

[2] 沖野外輝夫：洪水が作る川の自然 千曲川河川生態学術研究から，信濃毎日新聞社，2006.

[3] 中村太士，辻本哲郎，天野邦彦監修，河川環境目標委員会編：川の環境目標を考える－川の健康診断，技報堂出版，2008.

[4] 小倉紀雄：市民環境科学への招待，裳華房，2003.

7.2

[5] 日本水環境学会水環境の総合指標検討委員会：6 健全性指標の見直しへの提言，水環境の総合指標検討委員会成果集，pp.115-117，2013.

[6]　日本水環境学会水環境の総合指標検討委員会：6 健全性指標の見直しへの提言，水環境の総合指標検討委員会成果集，pp.117-119，2013.

編著者　古米　弘明［東京大学］（第 1, 3 章）

著　者　石井　誠治［（株）共立理化学研究所］（第 5 章）

風間ふたば［山梨大学］（第 5, 7 章）

風間　真理［東京都］（第 2 章）

古武家善成［神戸学院大学］（第 5, 6 章）

清水　康生［（株）日水コン］（第 2, 4, 5, 6 章）

水辺のすこやかさ指標“みずしるべ”
—身近な水環境を育むために—

定価はカバーに表示してあります.

2016 年 10 月 25 日　1 版 1 刷発行

ISBN 978-4-7655-3470-3 C3051

編著者　古　米　弘　明
著　者　石　井　誠　治
風　間　ふ た ば
風　間　真　理
古武家　善　成
清　水　康　生
発行者　長　滋　彦
発行所　技報堂出版株式会社
〒101-0051　東京都千代田区神田神保町 1-2-5
電　話　営　業　(03)(5217)0885
編　集　(03)(5217)0881
FAX　(03)(5217)0886
振替口座　00140-4-10
URL　http://gihodobooks.jp/

日本書籍出版協会会員
自然科学書協会会員
土木・建築書協会会員
Printed in Japan

装丁　ジンキッズ
印刷・製本　昭和情報プロセス